内向者

心理学入门

——完全图解版——

郑斌◎编著

中国纺织出版社有限公司

内 容 提 要

生活中，内向者遍布我们的周围，他们胆小害羞、默默无语、低头行走，他们不被理解、不被认可和赏识，他们渴望交际却不得要领……每个内向者都要剖析和认识、接纳自我，提高自信，都要找到快乐、实现幸福。

本书从内向者的性格特征开始谈起，让内向者更多地了解自己，学会如何顺应性情，而不是与它针锋相对，并充分挖掘自己的潜能，在内向者主导的世界里，实现自我突破和成长，从而如鱼得水，实现自己的价值。

图书在版编目（CIP）数据

内向者心理学入门：完全图解版 / 郑斌编著. --
北京：中国纺织出版社有限公司，2022.5

ISBN 978-7-5180-8336-7

Ⅰ．①内… Ⅱ．①郑… Ⅲ．①内倾性格-通俗读物
Ⅳ．①B848.6-49

中国版本图书馆CIP数据核字（2021）第020486号

责任编辑：闫 星　　责任校对：楼旭红　　责任印制：储志伟

中国纺织出版社有限公司出版发行
地址：北京市朝阳区百子湾东里A407号楼　邮政编码：100124
销售电话：010—67004422　传真：010—87155801
http://www.c-textilep.com
中国纺织出版社天猫旗舰店
官方微博 http://weibo.com/2119887771
天津千鹤文化传播有限公司印刷　各地新华书店经销
2022年5月第1版第1次印刷
开本：880×1230　1/32　印张：7
字数：86千字　定价：39.80元

凡购本书，如有缺页、倒页、脱页，由本社图书营销中心调换

生活中，我们在提到"性格"时，人们也很容易想到性格内向和外向者，在我们大多数人看来，外向者比较热情活泼、善于言谈与经营人际关系、充满自信、喜欢交友，他们敢于冒险、充满激情，在很多领域内表现出出色的领导才能，因此，我们很多人认为，似乎只有外向者才能成大事，然而，只要你稍加留意，就会发现，那些政界、科学界、文化界的成功者，有很多内向者的身影，因为内向者较外向者更沉稳内敛，思维更敏捷，更具有敏锐的观察力，也更能静下心来谋取成功。

相对于外向者来说，内向者更关注自己的内心，他们很少参加相关的社交活动，他们在独处中更能感到快乐，更愿意从事丰富内心的一些活动，比如，阅读、写作、绘画、看电影、发明、设计等。当然，许多艺术家，比如，画家、作曲家、发明家等都是非常内向的。内向者大多数时间愿意独处而不愿意与他人共处，在生活中，他们通常是三思而后行。

大量事实证明，内向者比外向者更具有潜能，根据著名心理学家艾森克的观点，内向者在后天的行为中，不仅懂得保护自己，而且善于调整自己，在追求成功的路途中，内向者比外向者更明智，只是他们尚待发掘而已。当然，外向者性格中也有劣势的部分。由于自我封闭，大多数内向者更难走出狭小的圈子，人际交往不主动、抗挫折能力差、遇事消极等，这些都是内向者需要自我克服的部分。

事实上，任何人，只有将自己剖析清楚、认清自己的性格，才能合理地利用性格优点，才能到达成功的顶峰。因为无论你是什么性格，其优点和缺点，就像一个硬币的两面，它们是相互依存、相辅相成的，谁也不可能脱离对方而存在，一个人也只有看清楚优点，明白自己的缺点，善待自己，不断地完善自己，才能取得成功，才能收获幸福人生。

艾伦·伯斯汀曾说："我没有病，只是内向而已，发现独处并不孤独，这是多么惊喜呀！"因此，对于内向者来说，成功其实很简单，你并不需要羡慕外向者，更不需要把自己变成外向者，你只需要发挥自己独特的优势、展示自己的性格魅力，并改正性格劣势的部分。

现在，我们需要这样一本引导我们实现自我成长的指导用书，而本书就是从剖析内向者的心理特征入手，帮助内向者全面认识自我，并从生活中的各个角度阐述了内向者完全可以通过发挥积极主动的精神完善自我，最终通过发挥自己的潜能来获得成功。本书还注重实用性和操作性，给内向者提出了很多实用的建议，以供内向者学习，从而帮助他们更好地学习、工作和生活。

编著者

2021年10月

目录

第1章

交际内向者：学会大方待人接物，才更受欢迎

在日常交际中，内向者的言行总是表现得十分拘谨，一方面他们担心自己会做错什么；另一方面在于他们不好意思表露自己。因为拘谨，往往无法更好地展现自己；因为拘谨，往往无法赢得对方的好感。

你所有的不好意思，都与"内向"有关

生活中，总有那么一群不好意思的人：不好意思打招呼，不好意思做自我介绍，不好意思赞美，不好意思批评，不好意思请功，不好意思催账……他们在人前总会不好意思，但真正到了独处的时候，便会抱怨自己"那天明明应该多说几句话的""都是内向性格造成的，害得自己白白错失了一个好机会"。

尤其是在与陌生人交流的时候，这种不好意思表现更甚，使人非常窘迫。而事实上，从对方的心理角度来看，人们在与陌生人交往的过程中，都希望对方能主动打破尴尬。总是显得不好意思，其实都是内向性格的原因。因此，我们要想攻破陌生人的心理防线，就要懂得应该与陌生人聊什么。

恐怕很多人在陌生的集体和在陌生人面前都出现过这样的情况，因为怯生，所以就会出现舌头打滚、语无伦次，越想把话说得尽善尽美，越是说得言不达意。这就像一个初次登台的演唱者准备得越充分，演唱效果越是打折扣一样——怯场所致。

那么，我们该怎样说话，才能将话说到陌生人心中，而不会感觉到不好意思呢？为此，我们需要掌握以下几个要点。

1. 开门见山

如果你经人介绍和一个陌生人或者一群人认识，你不了解他们，他们也不了解你，你的心跳会不会突然加快，不知道如何是好？

很多人在这时候便会不好意思，甚至希望简单的自我介绍也省了。但事实上，社交就是这样，第一次陌生，第二次就熟悉了。跟陌生人认识，最简单的莫过于打招呼，"大家好，我是某某"，一个简单的介绍就行了。当然，对于那种想要在陌生人面前留下深刻印象的人，则需要讲究点谋略，比如"我就说三句话。一句是……一句是……最后一句话……谢谢大家"。

2. 问话探路

当然，介绍完自己，还需要适时询问一下对方是什么样的情况。比如："你也是这个学校的吗？""看起来有些眼熟，你经常去图书馆吗？""听说你是山东人，我也是，请问你是山东哪里的？"当然，所选择的问题需要找准对方的问题点，才能适时提问，不至于引起对方的反感。

3. 轻松探微

和一个陌生人初识，有时只需抓住对方工作或生活的某个细节，就会很顺利地叩开对方的心门，激发彼此交流的欲望。

仔细观察一下你身边的陌生人，看看他们是否有比较特别的地方，比如，对方使用的手机款式让你非常青睐，对方的耳环是不是很特别……谈论这些细节很可能立刻吸引对方的兴趣。

打开心门

戴尔·卡耐基在他的《人性的弱点》中提到了人际关系的抑郁症。是什么导致抑郁？是怯生。而怯生的原因反过来归结于我们不懂得如何说出打破尴尬的话。当对方有意和你沟通时，无论对方的话是对是错，切忌否定对方，因为毕竟你们还不熟，一旦被否，余下的沟通就很难继续，前面你所做的一切细微的努力也会因此而浪费。

内向者如何搭建自己的人脉王国

我们在生活中，总会遇到很多陌生人，与他们有着或亲或疏的关系，千万不要不好意思与陌生人做朋友，因为任何一个朋友都是从陌生人开始发展而来的。通常情况下，我们为了工作、生活，不可能永远局限在自己狭窄的交际圈子里，必须不断地拓展自己的交际圈子，结识更多的新朋友，扩大自己的人脉关系，储备自己的人脉资源。这对于每个人来说，都是必不可少的交际过程。因此，我们每天面对众多的陌生人，他们之中就有我们需要结识的新朋友，他们就是我们即将拓展的交际圈子中的一员。

每一个朋友都是从陌生到熟识的，与陌生人交流，如果处理得好，可以一见如故，相见恨晚；如果处理不当，就会导致四目相对，局促无言。因此，我们在与陌生人交往的时候，最关键的就是消除对方心里的陌生感。那么，这就需要你掌握几个可行的技巧和方法。

1. 顺势取材

据说，在西方很多国家见面打招呼的第一句话就是"今天天气怎么样"。这样的场面话当然不错，但是如果你不论时间、地点只一味地谈论天气则会显得有些滑稽。最好就是结合周围的环境，顺势取材，随机应变。比如，对方第一次邀请你去他家玩，你不妨就他们家的装修、室内设计进行赞美："这房间设计不错。"对方可能会自豪地说："这都是我的主意"，这样一下子就打开了双方的话匣子。其实，这样的谈话并没有多少实质性的内容，主要是为了消除彼此的陌生感，使双方之间的气氛融洽。

2. 善意的微笑

陌生人之间第一次见面，必然要留下极为深刻的印象。如果你能在陌生人面前露出善意的微笑，那无疑会为你增添不少魅力。

每个人在面对一个陌生人时，总会多多少少有一种防备心理，不愿意向对方开启心灵之门。但是，微笑是打开对方心扉的"钥匙"，即便是一个再冷漠的人，他对你的微笑也是没有任何戒备心理的。因为，微笑不仅不具备攻击性，更是一种表达友好的方式。

3. 适当地提问

我们在与陌生人见面时，免不了要进行语言上的沟通，除了倾听对方的话之外，还需要适当提问，激起对方谈话的欲望。提问是引导话题、展开谈话或话题的一个好方法。提问有三个方面的作用：一是通过发问来了解自己不熟悉的情况；二是将对方的思路引导到某个要点上；三是打破冷场，避免僵局。

如何与一个完全陌生的人交朋友呢？最为关键的一步就是要消除彼此之间的陌生感，使对方产生一种亲切感，对你失去戒备心理，自愿与你建立一种良好的人际关系。

当然，提问也是需要技巧的，要避开一些对方难以应对的问题，比如，超乎对方知识水平的有关问题、对方难以启齿的隐私等。还需要注意提问的方式，不能像查户口一样机械性地提问，你可以适当地问："你这次到北京有什么新的感触"，这样才能激起对方谈话的欲望。如果你向对方提问，对方不愿意回答或者回答不上来，那么你要迅速转换话题，化解尴尬的气氛。

内向者，往往更爱面子

俗话说："人争一口气，佛争一炷香。"在一些内向者的眼里，面子是非常重要的，它总是与一个人的人格、自尊、荣誉、威信、影响、体面等联系在一起。如果一个人的面子受到损害时，他就会下不来台，就会生气。因为爱面子，也怕丢面子，因此有些人总是千方百计地维护自己的面子，而正是在这一过程当中，他们失去了很多更加有价值的东西。"死要面子活受罪"说的就是这种事情。

对于那些死要面子的人，真正到了自己的正当利益受到损害或面临威胁时，却因为害怕丢面子，不敢站出来据理力争，最后只能看着本该属于自己的那份利益被他人拿走，可谓是哑巴吃黄连——有苦说不出。

或许有人说，男子汉大丈夫，怎么可以不要面子呢？那么到底什么是面子呢？难道大丈夫的面子就是在妻儿面前发号施令、颐指气使的样子？难道大丈夫的风度就是当众喝酒赌博、狂言乱语的样子？俗话说得好："大丈夫能屈能伸。"假如大丈夫连一点小事都觉得丢了面子，那他还算是一个大丈夫吗？

鲁迅在《"要面子"与"不要脸"》这篇文章里面说，

"要面子"与"不要脸"实在也有很难分辨的时候。例如，一个绅士，叫他四大人吧，有钱有势，人们都以能和他攀谈为荣。有一个专爱夸耀自己的叫花子，有一天突然高兴地对大家说："四大人和我说过话了！"大家既惊奇，又很羡慕，问他："说了什么呢？"叫花子回答说："我站在他门口，四大人出来了。对我说：'滚开去！'"所以，有些自以为有了面子的人，实际上是"不要脸"的人。在生活中我们要时时警惕自己，看看自己是否要了不该要的面子。

打开
心门

　　在对待面子的这个问题上，我们一定要学会放下，面子既不能不要，也不能死要面子，让自己活受罪。但面子应该留多少，什么样的面子值得维护，什么样的面子该舍弃，一定要把握好这个度。否则，自认为要了面子，而实际是丢了面子，丢了面子还算是小事情，问题是让自己白白吃了哑巴亏就太不划算了。

1. 不要为了面子把自己"逼疯"

在生活中，有的人原本很穷，却死要面子，勒紧裤腰带，与人比阔。有的人，为死要面子，四处吹嘘自己怎么怎么"有能耐""能办事"，无限夸大自己所谓的"后台"是如何如何的"硬"，也有的人明明意外成功，自己明明"喜出望外"，激动异常，却死要面子，假装深沉，装作没事一样。其实，很多事情是可以把自己"逼疯"的。对于那些爱面子的人，他们总是采取一种务虚而不务实的态度，把面子放在绝对不可动摇的位置，因此只得承受由此带来的利益上的巨大损失。

2. 不要得了面子，丢了里子

面子是表面的，是虚浮的，要面子是虚荣心的表现。里子是深层的，是实实在在的。面子华而不实，里子却是表里如一。里子真实的人，虽然没有外表的美，但是却有内心美，最终会得到人们的理解和尊重。一个人假如没有灵魂，那么这个躯壳还有什么用。

内向的老好人，"不"字总是说不出口

在生活中，许多内向者总是被人们贴上"老好人"的标签。"老好人"是人们对一个人人格的赞许，因为他们对别人总是有求必应，哪怕自己会因此感到痛苦，他们也不会拒绝。对此，美国心理学家莱斯·巴巴内尔认为，为人友善是应该的，不过在能力不足或自己繁忙时懂得拒绝才算正常。不懂得拒绝的人并不值得赞美，因为其外表的友善掩盖了一系列的心理和精神问题。巴巴内尔在其著作《揭开友善的面具》中写道，这类人的病理状态名为"看管人性格紊乱"或"友善病"。他们之所以表现得很友善，有可能存在天生的人格问题，如自卑或孤僻，也可能是受到不好的家庭教育，如家教过严，从小就不敢顶嘴或辩解。

人们不懂拒绝的原因竟然是取悦别人，当然，这些人的心态存在逻辑的缺陷和错误。一旦拒绝了对方，无法取悦对方，他们就会产生沮丧、焦虑、自责和内疚等消极情感，结果自己就会在适得其反的紧张循环中难以自拔。

你是否是老好人，这是可以测试的。

请根据自己的真实情况，进行一次"体验"，请回答"是"或"否"。

A. 与其协商分歧之处，我试图强调我们的共同之处。

B. 在问题解决的过程中，我试图找到一个妥协性的解决方法。

C. 我可能努力缓和他人的情感，从而维持我们的关系。

D. 我有时牺牲自己的意志，而成全他人的愿望。

E. 为避免不利的紧张状态，我做一些必要的努力。

F. 我试图推迟对问题的处理，使自己有时间做一番周全的考虑。

G. 我试图不伤害对方的情感。

H. 意见分歧总是令人担心。

I. 我放弃某些目标作为交换，以获得其他的目标。

J. 我避免站在可能产生矛盾的立场。

如果你的回答中"是"超过半数，你就是个十足的老好人。你总是模糊事情的真相，喜欢在灰色地带处理人事问题，喜欢扮演好人而不讲实话。

如同港剧中的台词，安慰别人时说："做人呢，最重要的是开心"，遇到别人吵架时，来一句"都别吵了，喝碗糖水先"等，你善于缓和气氛，更会没原则地和稀泥。你缺乏创造力，工作效率不高，生活中没有特别偏激的观点，也不喜欢处处与人交恶，处处一副"温良恭俭让"的低调姿态。

在美国，有一个叫"好人综合征"的说法，所谓的"好人"，是那些对别人十分亲切友善、特别好说话、有求必应、想方设法帮助别人、从来不考虑自己，并以此为荣的人们。对这些所谓的"好人"而言，当好人不但是一种习惯或行为方式，而且更是一种与他人建立特殊人际关系的方法。老好人所做的都是对别人有利，讨别人喜欢的事情，所以他们都收到了别人颁发的"好人卡"。实际上，接受好人助人为乐行为的其他人，都有意无意带有自私目的，但老好人却乐在其中，甚至一般人并不觉得这样做有什么问题。

1. "老好人"是一种行为偏差

老好人是一种行为偏差，甚至是生活或工作的某些方面出现了危机。老好人通常都是很普通的职员，他们工作十分努力，但成就却相当有限，于是，做好事成为他们博得他人另眼看待或赞扬的补偿方式。这样的人通常在家庭或家庭关系中可能有欠缺，如童年得不到父母或兄弟姐妹的关爱，这会使他们更加在意关系疏远者对自己的好感，不惜为之付出自己的百倍努力，甚至也有人对家人态度恶劣，对外人特别和蔼可亲。

2. 缺少健康界限

老好人并非好人一个人的事，往往会弄得身边人也很困扰，而且好人的亲疏不辨还会给家人带来伤害。

老好人要学会控制自己的思维，毕竟总想取悦对方的心态是不靠谱的。思想会促使自己为取悦于人的习惯找理由，从而让这些习惯根深蒂固，比如，养成付出的习惯，不懂拒绝的习惯。甚至，这样的思想还会纵容自己继续逃避可怕的情感。

对此，心理学家指出，一个人要保持健康的心理，有合乎常理的行为，就必须保持一定的"健康界线"。也就是说，每一位个体的人都生活在某种身体、感情和思想的健康界线之内，这个界线帮助他判断和决定谁可以接纳，并接纳到什么程度，为谁可以付出什么，并付出到什么程度。

3. 有时候会带来坏情绪

有时候，老好人的思想意识会给人带来负面感情。比如，当朋友需要你帮助，或者要求你周末陪她逛街，如果你做不到，就会感到内疚；假如领导需要你在工作时间做一些烦琐的事情，你若做不到，则很可能感觉到的并非是内疚，而是担心领导不高兴。

放下架子，送礼是人之常情

在日常生活中，我们常说"礼多人不怪"，在送礼之风越来越盛行的现代社会，拜访朋友捎点东西，看望老人买点补品，逢年过节更是礼不断。内向者平时不善言辞，到了求人办事时也总是不开窍，不学别人送礼，结果事儿没办成怪自己。如果我们在办事时空着手，没有任何表示，办事也就无从下手。其实，在反复送礼、回礼的过程中，你会发现礼物让彼此之间的距离更近了，那么，办事自然也就容易多了。喜欢足球比赛的人都知道，在比赛开始之前，两队的队长都会交换礼物和队旗，然后说上两句友好的话才开始比赛。其中交换礼物和队旗，这既是彼此之间的尊重，同时，也是连接友谊的纽带。如果在足球场上发生了不和谐的事情，双方队长也会看在先前的赠礼环节而妥善处理争端。由此可见，送礼已经成了一种最有效的办事方式之一。

三国演义中，关羽被曹操俘虏之后，由于曹操爱惜人才，不但没有杀他，反而还听从了谋士的话，将从吕布那里缴获的赤兔宝马送给了关羽，并且赐予了关羽爵位。关羽在当时并没有被这些礼物所打动，他依然想着投奔刘备，不惜过五关斩六将离开曹营。

不过，后来，曹操所赠送的那些礼物却派上了用场。在曹操危难的时候，关羽斩颜良诛文丑，在华容道的时候更是饶了他一条命。原来，在赤壁之战的时候，曹操兵败，落荒而逃，不料在华容道遇到被诸葛亮派往把守的关羽。此时，曹操身边只剩下几员大将和随从，早已是人困马乏，只要关羽一声令下，立即就会束手就擒。结果，关羽念在昔日曹操对自己的赐予之恩，而把他放跑了。

或许，曹操也没想到自己当时送出的"笼络人心"之礼却挽救了自己的性命，曹操的礼物为自己投资了人情，而在曹操危难之际，关羽也正是看在人情上而放过了他。由此看出，礼物在人与人交流之间起着重要的作用。

因为礼物而积攒下来的人情是珍贵的，这样的一份人情在办事时能够助我们一臂之力。的确，那些很多年以前送出的礼物，也同样会勾起对方的回忆，在某一天，它将成为丰厚的回报来到我们身边。礼物，能增进彼此之间的感情，同时，能为我们办事成功赢得几分概率。

1. "礼"和"利"

在现代社会中，"礼"和"利"是连在一起的，往往是"利""礼"相关，先"礼"后"利"，有了"礼"才有"利"。而且，礼物在很大程度上可以为我们投资人情。所以，要想办成大事，我们要多投资人情，建立强大的关系网。

打开心门

　　《礼记·曲礼》："礼尚往来，往而不来，非礼也；来而不往，亦非礼也。"这就是我们常说的礼尚往来，从礼物的不断流动中，我们可以看到，陌生人变成了熟人，熟人变成了朋友。在日常交际中，人与人之间来往的频繁度往往决定了两个人感情距离的远近程度，而礼物本身就是用来增加彼此之间的往来频率的。

2. 礼能敲开"心门"

有人将礼物作为"敲门砖"，的确，这样一块敲门砖不仅能够敲开对方的门，还能敲开对方的心。更为重要的是，礼品是商品，是人情投资，办事时若是捎上些礼物，那么，自然能事半功倍。所以，在生活中，我们要善于送礼，掌握送礼的技巧与方法，多投资人情，为自己办事铺平道路。

第2章

职场内向者：你为什么总是不被赏识与重用

日常工作中，总有那么一群默默努力的人，不邀功、不展现自我，就连简单的汇报工作也不会。也因此，他们错过了每次升职和加薪的机会。那么，这些职场内向者，是谁偷走了你的升职机会呢？

 **为什么你在职场不被赏识**

信息时代，最受瞩目的是什么？——注意力。现代社会，人们所面对的都是电脑、智能手机等新兴科技产品，再加上繁忙的生活工作，使人们的注意力下降，不容易被吸引。这时，如果能够有较强的关注度，吸引人们的高度重视，那就是最大的成功。

现代社会，不管是互联网，还是趋于流行的智能手机，这一切的背后都有一种力量在驱动着人们，其目的就是吸引人们的注意力。

哪怕在大自然中，鸟类也会用羽毛和歌声来吸引异性的注意，以获得繁衍后代的优先权，而在知识经济时代，注意力则成为商机的先导。

在职场，同样会存在"注意力"。那么，你的关注值有多少呢？作为职场人，领导和同事对你有多少关注呢？你是处于角落里默默无闻的路人甲还是整天进出领导办公室的红人？如果你是属于前者，那么很遗憾地告诉你，你应该适时想办法提升自己的关注度了。

增加关注值，在于增加与领导见面的频率。

很多人抱怨自己在职场不受领导关注，总是被忽略。你是否找了自己的原因呢？在现代注意力经济时代，你的关注值有多少呢？吸引关注度，学会汇报工作，多与领导接触，那自己的关注度自然会直线上升。

举个简单的例子，一个进公司半年的人升职了，原因在于他进公司半个月就与领导熟悉了，之后各种汇报工作，加深了他在领导心目中的印象；而一个在公司工作五年的人，默默无闻地守在自己的办公桌前，从未升职，因为他很少与领导沟通，更别说主动汇报工作了。

事实上，向领导汇报工作是员工履行好职责的基本功，汇报是一个主动沟通的机会。尽管领导都是难以伺候的，跟他汇报工作他嫌你烦，不汇报工作他又说你自作主张。不过，既然你并不是老板，那就只能主动去适应工作，调整自己，找到适合领导个性的汇报方式。

一个成功的员工必然是一个善于汇报工作的人，因为在汇报工作的过程中，他能得到领导对他最及时的指导，更快地成长，也因为汇报工作，他能够与领导建立起牢固的信任关系。

古人曰："一人之辩，重于九鼎之宝；三寸之舌，强于百万雄兵。"现代社会，人们说："当兵的腿，当官的嘴；好马长在腿上，能人长在嘴上；讲话好了，叫有水平；写字好了，叫有文化；汇报好了，叫有能力。"而员工从优秀到卓越应该具备三种能力：工作能干、坐下能写、站起能说。工作汇报，可以说是无时不在，意味着与领导进行沟通。

认真工作，但也要懂得展现自我

很多人都可以说是勤奋工作的典范，在职场中，他们总会恪守"脚踏实地"的原则，做任何事情都是循序渐进。他们明白，如果要想获得成功，就必须从一件小事做起，哪怕是一件微不足道的小事。他们只专注于现在所拥有的工作。内向者更愿意通过慢慢添加一砖一瓦，踏踏实实地坚守自己的岗位，最终打造出属于自己的一片天地。不过，正因为他们专注于勤奋地工作，而不断丧失了许多展示自己的机会。其实，在实际中，不仅要勤奋工作，更需要懂得展现自己，比如，汇报工作。

如今的社会，人才济济，作为普通人，如果你不把握适时的机会，说出自己真实的想法，展现自己的能力，那么你就会被永远地埋没了。俗话说"酒香也怕巷子深"，说的就是这个道理，如果你是一个各方面条件都优秀的人，更要大胆表现出来。

孙女士在一家公司上班，她工作认真努力，人也很聪明，一直在业务部任职，做生意通常是靠长年累月积攒下来的良好的客户关系。她在同一个工作岗位上做了好几年，虽然薪水优渥，上司与同事也都很喜欢她，但她并没有因此而平步青云。

孙女士工作那么优秀，也很受上司和同事们的赏识，但是为什么却一直得不到提拔和重用呢？那是因为她局限在自己作为女性性格的一些表现上，显得内向，不善于表现自己，特别是不善于向上司主动汇报工作。孙女士的能力是很优秀的，可能上司也很欣赏她，但是上司更欣赏的是敢于担当的员工。

那么，内向者在日常工作中，应该如何获得领导的重视和赏识呢？

1. 认真勤奋地工作

在日常工作中，除了各司其职之外，内向者更需要认真做事，体现自己作为一个职业人的职责与精神。

打开心门

对于我们而言，在职场上不仅要努力工作，脚踏实地，而且还需要展示自己优秀的一面。现代社会，"酒香也怕巷子深"，如果你只是埋头工作，不被人记住，那是可悲的。或许，你自以为已经很努力了，但事实上这对于你本人的晋升是没有任何帮助的。

当一个教师按照教学大纲的要求备好课、上好课，这是一种职责，但如果教师在传道授业解惑的同时还可以顾及学生的体验，争取用最佳的方法，最好的形式以及最合理的时间把知识传授给学生，那就不是简单地教书了，而是认真做事了。

2.大胆表现自己

如果你足够优秀，就要勇敢地表现出来，并不是说对方了解你的优秀，就会重视你。但要受到他人的重视，就要敢于表现出来，哪怕是向他表功。表功并不是骄傲的体现，恰恰是你能力的表现，如果你真的是有功之臣，得到理应受到的重视，也是无可厚非的。

说出你的想法，别总是唯唯诺诺

在生活中，当大家的意见无法统一时，绝大多数都会采用"少数服从多数"的游戏规则。虽然，我们也经常说"真理掌握在少数人的手里"，但还是挡不住随大流的趋势，这就是人类的心理。人们的行为在很大程度上体现出了"羊群效应"，也就是当看见所有人都在朝一个方向涌进的时候，即使没有任何外力，他自己也会朝那个方向走去。通俗来说，每个人都有可能表现随大流的心理特征，好像人类本来是不能忍受孤独的，所以，一直以群居的方式来生活。正因为这个道理，他们不能忍受独自坚持着，而需要与大众持同样的态度。当然，羊群效应所告诉我们的并不是"群众的眼睛是雪亮的"，而是侧面告诫我们：做事不要跟风，需要拥有自己的独到见解。

羊群本身就是一种很散乱的组织，平时在一起也是盲目地左冲右撞，但一旦有一只头羊动起来，其他的羊也会不假思索地一哄而上，全然不顾前面有可能出现的危险。羊群效应就是一种跟风行为，表现了人类共有的一种从众心理，这种从众心理很容易导致自我盲从。实际上，羊群效应本身是一种无法认同的做法，社会心理学家认为，产生从众心理最重要的因素在于有多少人来坚持某一条意见，而并不是坚持这个意见本身。即使有少数人有自己的意见，但他们不会在众口一词的情况下坚持自己的意见。在实际生活中，每个人都有不同程度的从众倾向，他们总是倾向于大多数人的想法或意见，以此来证明自己不是孤立的。

由于羊群效应，很多人抛弃了自己的想法和意见，而转而同意他人的看法，尤其是在职场中，更使许多人丧失了脱颖而出的机会。

羊群效应给所有的职场者这样的启示：做事不要跟风，而要有独到的见解。在职场中，每每遇到上司询问有什么解决的办法，下属总是会人云亦云，即使心中已经有可行的办法，也总是憋着不说出来，在他们看来，既然大部分人都同意的观点，怎么会有错呢？但事实，往往并不是这样，要知道"真理往往是掌握在少数人手里的"，如果想在众多职场者中脱颖而出，不妨克制"从众心理"，大胆表达出自己的想法。

那么，在职场中，如何才能避免羊群效应呢？

1. 切勿"人云亦云"，而是需要有自己的判断

面对同一件事情，不同的人有不同的判断标准，虽然，在某些时候，人们会因为从众心理形成了统一的观念或看法。在这时，我们依然不应该放弃自己的判断，不要人云亦云，而是需要根据自己的判断标准，来检验结论是否正确，以此，你才能在关键时刻提出真知灼见。

打开
心门

很少有人天生就拥有明智和审慎的判断力，判断力是一种培养出来的思维习惯。因此，每个人都可以通过学习或多或少地掌握这种思维习惯，只要下功夫去认真观察、仔细推理就可以培养出来。收集信息并敏锐地加以判断，是让人们减少盲从行为，更多地运用自己理性的最好方法。

2. "群众的眼睛并不是雪亮的"

羊群中的一只头羊发现了一片肥沃的绿草地，并在那里吃到了新鲜的青草，后来的羊群就一哄而上，你抢我夺，全然不顾旁边虎视眈眈的狼，也看不到远处还有更好的青草。大量事实证明，群众的眼睛并不是雪亮的，也并非多数人的意见就是正确的。之所以会出现这样的状况，是源于"羊群效应"。因此，我们更应该坚持自己的意见和观点，如此，或许你会更受上司的器重。

3. 收集信息并加以正确判断

羊群行为产生的主要原因就是信息不完全，由于未来状况的不确定，导致人们的判断力出了问题，因而才有了从众的盲动性。事实上，正确全面的信息才是决策的基础，在这个时代，信息的重要性是不言而喻的，当然，要找到正确的方向，敏锐的判断力也是必不可少的。

面对虚伪的同事，别被当成软柿子

　　职场中，在我们身边有很多虚伪的同事，他们常常表面对你表现的很友好，但是背后却在说我们的坏话，或者使计策陷害我们。当我们与这样的人相处的时候，一定要格外小心，以免被他们的表象蒙骗。

　　当然，在我们的工作中，什么样的人都会遇到，但只要不伤害别人，那么与其相处还是可以的，因为毕竟每个人除了缺点还有优点。但如果有可能，还是尽量少与那些虚伪的同事打交道。

　　虚伪的同事一般都带着面具与你交往，他不会在你面前暴露真实的自己。所以，在更多时候需要我们做好自己的工作，小心提防对方就可以了。

　　假如对方是一个虚伪的人，你需要做好的就是自己，与其保持一种有距离的关系，并没有必要揭开对方虚伪的面具，因为你们毕竟只是同事关系，而且为了工作还要继续协作下去，也没有必要去追究对方虚伪的目的，只要没有伤害到自己，完全可以保持一种平和的心态。

　　我们应该如何应对这种同事呢？

1. 不要和他们说真心话

面对虚伪的同事，千万不要说出自己的真心话，或者是向对方吐露一些你的秘密、隐私。因为那些虚伪的人通常都戴着假面具，他们可能在赢得了你的好感之后，进而获取你的秘密、隐私，把那些作为他在其他同事面前的谈资。因此，对待那些虚伪的同事，只需要随便寒暄几句即可，而不需要把对方当作真心朋友那样对待。

2. 不要在他面前抱怨其他的同事

当你们在聊天时，千万不要因为自己内心的坏情绪就在他面前抱怨其他的同事。如果他知道你对某位同事有不满情绪，他就会有所行动。他们有可能会把你所抱怨的那些再添油加醋地告诉对方，使你们之间的关系更加恶劣；他们也有可能在公司同事面前，假意站在你这边，"帮着"你说那位同事的不是，并且还会顺势把你对同事的抱怨说出来，这样一来，不仅仅是那位同事，也使你自己陷入了尴尬的窘境。

3. 保持自己的风格，不要过于迁就他

有时候，虚伪的同事会对你进行甜言蜜语的攻势，以此来请求你的帮助，这时，你一定要保持自己的做事风格，不能害怕得罪而迁就他。当然，直接拒绝，这样得罪一个虚伪的同事也不是一件好事，但一味迁就更不是上策，这会使对方感觉找到了你的软肋。最佳的办法就是巧妙地拒绝，既不伤彼此和气，也能使对方明白你真的有难处，从而理解你。

总而言之，你在与那些虚伪的人打交道时一定要小心，以防自己上当受骗。其实，从某种角度上说，和虚伪的人一起共事并不是一件坏事。因为你可以从他们身上学到很多，比如，他们都善于观察，善于总结，善于洞察人心。与那些虚伪的人相处可以让我们变得更加老练。有的同事值得你真诚地对他，有的只是一般同事或是只能算个表面朋友，所以虚伪只是给那些需要对其虚伪的人而作，真心朋友面前不需要。

4. 谨言慎行，做好自己的本职工作

那些虚伪的人都善于观察，洞察他人的心思，所以，在交往中千万不可小看了他们的能力。而自己更要谨言慎行，做好自己的本职工作，千万不要企图做一些小动作，这样只会让他们抓住你的把柄，揪住你的小辫子。俗话说："身正不怕影子斜。"只要你的言行举止没有丝毫的漏洞，他就拿你没办法。

5. 与他们沟通要有防备之心

俗话说："防人之心不可无。"特别是面对那些虚伪的人，自己一定要提防。无论是说话做事都要果断，自己的事情自己做主，对方给你建议或者意见只能作为参考，只能按照自己的想法作出决定。有时，如果你轻易地相信了别人所说的话，就有可能中了他的圈套，把自己推进一个维谷的境地。

升职加薪，需要了解这些"职场规则"

在职场中，员工渴望能通过职位、薪资等来展现自我价值，起码自己的价值要与之平衡。不过，大部分员工遭遇到的却是这样的情况：同事好像一天也没干什么，升职加薪却很快。而自己平时勤勤恳恳地工作，这种好事却从来没落到自己身上，这又是为什么呢？原因就在于自己太内向，不好意思将升职加薪的话说出口。尽管如此，升职加薪却一直都是职场人员最关注的话题。

加薪一直是莉莉梦寐以求的事情，毕竟在厂里已经工作四年，她自己觉得工作态度还可以，也没犯过什么错误，但是上司对此却并不关注，也不主动给莉莉升职加薪。莉莉觉得自己的价值应该得到提升，心里比较苦恼，她曾经在工作总结会上暗示过老板，不过对方却无动于衷。

但是，如果让莉莉明确提出升职加薪，她却又觉得不好意思，怕被拒绝，不提出来又觉得不甘心，最后她还是鼓起勇气、委婉地向上司提出了加薪要求。没想到，上司在考察她工作几周后决定为她加薪。对此，莉莉更真切地感到，属于自己的利益就应该努力去争取。

其实，上司们很希望每一位员工向自己汇报"今天做了什么、完成了什么、发现了什么问题"，毕竟上司不可能时时刻刻关注每个人的表现。所以，当你及时向上司报告这些问题时，那他就会认为你是一个非常有责任感、很可靠的员工。如此一来，升职加薪又算得了什么呢？

当然，员工在向上司提出升职加薪之前，还需要正确估量一下自己的价值。假如你为公司付出很多，理应加薪，那被拒绝的可能性就很小；假如你平时喜欢偷懒，下班从来都是到点就走，那被拒绝的可能就很大，面对这样的情况，还不如好好提高自己。

上司是否愿意为你升职加薪，还在于你是否为公司竭尽全力，或者你本身有潜在的价值。所以，员工在向上司提出加薪时需要尽可能地摆出事实和依据，比如，最近工作比较多，可以用相关的真实数据说明，这样上司极有可能松口，答应为你加薪。

不仅如此，注意说服领导为自己升职加薪的最佳方式是面对面地谈话，打电话或寄电子邮件以及发信息等，这样的沟通都是间接的，因为看不到对方的表情，有可能会造成不必要的误解。

第3章

情感内向者："爱"字如何才能坦然说出口

　　在现实生活中，多少人又是"爱在心中口难开"呢？中国人历来保持着传统的思想，总认为父母爱子女，姐姐爱妹妹，老公爱老婆，这些都是人之常情，根本不需要说出来。其实，在很多时候，"爱"是需要说出口的，不要内向，情感也需要表达出来。

内向者也要对父母大胆表达爱

子曰："父母在，不远游，游必有方。"年少时不懂得这句话的含义，还私下嘲笑：为什么总是要留在父母身边？小小年纪，就开始幻想着云游四海。长大后，怀着这个梦想，我们迫不及待地离开了父母，殊不知，归期不可知。再读"父母在，不远游，游必有方"，方知其中真正的涵义。很多人背井离乡，远至海外，为了追求他们的梦想，追求事业有成，追求前途无量。他们总在想：等自己有了钱一定好好地孝敬父母，买了大房子就一定接父母来住，忙过了这阵子一定回家看望父母……要知道，父母不会在原地等我们。也许，等自己有一天人生辉煌的时候，父母却早已离你而去了，我们心中只会留下"子欲养而亲不待"的懊悔。正因为如此，我们才更要经常对父母说一些贴心的话，以表心慰。

在生活中，我们往往忽视了对老人的关爱。其实，与年轻人相比，老人的孤独感更为严重，在空巢老人身上尤为明显。有些老人虽有子女在身边，但是年轻人常常忙于自己的工作和生活，对老人无暇过问，这难免使得老人孤独寂寞。我们要明白，老人需要的不仅是物质上的给予，更需要精神上的安慰。

所以，我们要关爱长辈，对老人多说几句贴心话，温暖老人的心，让老人享受到快乐和幸福。

关爱长辈，孝敬老人，对老人说几句贴心话，不但能够温暖老人的心，而且可以使自己和长辈的关系更和谐。生活中不懂得关爱老人，只顾自己享受，和老人说话粗声大气、恶声恶语的人，不但不会得到父母的喜爱，还会受到别人的指责。

1. 对父母说"我爱你"

中国人一向羞于表达情感，即便这份感情是存在的。但是，在很多时候，假如你不说，父母又怎会知道你的情意呢？父母从来不会埋怨任何一个子女，如同上帝不会降罪于他的子民。这是一种无私的爱，但是，千万不能因为这无私而让那份爱变得受之无愧，理所当然。在工作空闲的时候，不妨抽出时间给家里打个电话，回一趟老家或者父母所在的地方。趁着父母健在的时候，及时尽孝，对父母说："我爱你。"

2. 用温情话语帮老人消除孤独感

关爱长辈，说几句贴心话温暖老人的心，是我们关心老人、表示孝心的体现。为了打造老人的幸福晚年，我们要考虑到老人的精神生活。除了让老人拥有足够的物质生活，还要想方设法调节老人的心情，使老人时常保持愉悦的心情。这就需要我们多费心思，在老人面前，多说温暖的话，了解老人的需求。如果身边没有亲情的陪伴，老人会感觉到生活中缺少些什么。所以，我们要延长和老人的相处时间。

打开心门

　　在生活中，我们对老人说话言语要柔和，在温暖老人心的同时，也要排除老人的寂寞。特别是忙于工作的我们，要注意对老人的关爱，让老人幸福地安度晚年而不是孤独终老。

3. 与父母说话，注意语气

然而，有些人由于自己性格倔强，脾气暴躁，和老人说话时，恶声恶气，这不仅不能让老人感觉到温暖，还可能会使老人伤心。此时，我们再为自己的话语后悔，也是无济于事。因此，我们和老人说话要注意方式，言语不能过重，让老人经受得起，不要纵容自己在老人面前大发脾气或者对老人有意见而言语粗俗，那样就会被人认为不通情理。我们要懂得礼仪，对待为儿女操劳了一辈子的老人，说话要和气可亲，让他们感受到家庭的温暖，感受到后代的关怀。

经常关心孩子，让孩子感受家庭的温暖

作为孩子的父母，要仔细了解孩子的心性，说些贴合孩子心理的话，就会逐渐使孩子养成好性情，有利于孩子的健康成长。孩子的性情，会由于父母不同的教养方式而不同。良好的教养方式，能够促进孩子的健康成长和发育；拙劣的教养方式，会改变孩子的性格，使活泼可爱的孩子神情抑郁，苦闷不堪。或许，身为父母，我们都曾无数次想象孩子美好的未来及其成功的样子，但是，即便我们想得再好，也往往改变不了现实。不管怎样，首先要让孩子成为一个有爱心的人，而这需要父母的教育和引导。在生活中，对孩子要经常嘘寒问暖，尽显父母的魅力。

小佳喜欢唱歌，在音乐课上，他优美的歌声常常能得到老师的称赞和同学们的羡慕。在学校组织的音乐竞赛中，他从众多的参赛学生中脱颖而出，成为学校的小歌星。妈妈李萍看到了小佳的长处，及时对他进行鼓励，妈妈的夸奖增强了小佳的自信心。

小佳再接再厉，举办了自己的专场音乐演唱会，赢得了音乐爱好者和有关专家的好评。看到小佳的进步，李萍感到由衷的高兴。获得名誉的小佳谦虚有礼，戒骄戒躁，不仅在音乐方面充分发挥了自己的才能，更养成了良好的性情，深受家长和老师的喜爱。

用欣赏的口气，恰到好处地多鼓励孩子，孩子受到赞赏，得到重视，就会积极上进。如果母亲和孩子说话措辞严厉，使孩子听了不知所措，孩子的上进心就会遭受打击，以至于心里蒙上阴影，对自己失去信心。事例中的李萍，在看到孩子小佳有音乐方面的天赋之后，对他进行了及时的鼓励，言语中流露出欣赏，让小佳充满信心地走向一次又一次的成功。

对待犯错的孩子，父母不能一概而论，要分析孩子犯错误的原因，让孩子从思想和心理上认识到自己的错误，进而去改正它。如果我们对孩子的错误不进行认真细致的分析，孩子认识不到自己的错误，就难以进行改正。

如何正确对待孩子的教育？

1. 说贴合孩子心理的话

了解孩子的心性，说贴合孩子心理的话，是培养孩子，塑造孩子性格的良好途径。

只有这样，父母才能成功地与孩子进行无障碍的交流，倾听孩子的心声，培养孩子的兴趣，让孩子健康地成长。

2. 对孩子多说鼓励欣赏的话语

孩子有着强烈的好胜心，总想做出一些不平凡的事情，但是因为自己的年龄或能力有限，事情的结果往往事与愿违。有的孩子会因为自己的一时失利而对自己失望。

打开
心门

　　我们在教育孩子时，说话要温柔可亲、不焦急、不暴躁，说话切合孩子的心理，孩子就会养成好的秉性，表现得活泼开朗、积极向上。如果不了解孩子的心理，自己心情抑郁，沉闷不乐，不顾及孩子的心理和感受，和孩子说话不理不睬，态度冷漠，孩子的心理就会受到打击，不断的打击只会给孩子造成伴随终生的低价值感，让孩子在自卑、自贱中痛苦挣扎。

作为孩子的父母，我们要及时鼓励孩子，不要因为孩子一时失败就对他严厉斥责。要让孩子树立信心，勇于尝试新事物。对于孩子的进步，要进行及时且恰到好处的鼓励，使他拥有强烈的自信心。

3. 孩子犯错了，也要温和教育

孩子犯错，究其原因，不外乎两种情况，一是因为自己没有经验，能力达不到，而使自己犯错误；二是明知故犯，已经能预料事情的结果，故意犯错，在做事时发怒气，泄私愤，对别人进行打击报复。对待犯错的孩子，父母不应该视若不见，要及时提醒孩子，不要再犯同样的错误或无意义的错误，应该让孩子在错误中获益，使孩子明白知错必改的道理。

甜言蜜语，内向者不要羞于表达爱

女人似水，她用自己的柔情温暖着男人、滋润着男人的心田。女人的话语，如蜜露般甘甜，让男人感受着恋爱的甜蜜，婚姻生活的温馨。然而，婚恋中的女人受不得一点委屈，心里稍有不顺，眼泪就会如泉水般涌出。男人最害怕女人的泪水，此时的男人，会显得束手无策，而聪明的男人，不会让自己心爱的女人流泪。

女人的蜜语甜言，可以使男人感到生活的甜蜜和美好。对男人说话难听，声音粗劣的女人，会伤害男人的自尊，让男人感到劳累。原本男人已经负有太多的责任，如果女人不懂得呵护男人，只会给男人增加负担，让男人对婚恋生活充满失望。

1. 从内心去理解男人的心思

婚恋中的女人，要理解男人的心思，用自己的甜言蜜语去感化男人，尽心呵护男人，让他感受到自己对他的深情厚意，使他对自己多一分疼爱。感受到温情蜜意的男人，才会对女人有更多的爱意，在事业和生活中才会有积极向上的动力。做一个水一样的女人，用自己的柔情去化解男人的愁苦，让男人在为了家庭、为了事业拼搏的时候，感受到贴心和温暖。

打开
心门

　　那些让女人流泪的男人，不会感受到女人的甜言蜜语，他的婚姻生活也会变得悲苦。为了婚恋的幸福，女人要让男人感受到生活的温馨，用自己的甜言蜜语去抚慰男人的心灵，让他感受到柔情蜜意。

2. 说话和气，温婉动听

在婚恋中不懂得男人的心思，对男人说话粗鲁无礼的女人，对于男人来说，无异于一种折磨，会使男人处处感到不顺心、不如意，他们的婚恋生活也不会维持得长久。懂得男人心思的女人，说话和气，温婉动听，她的甜言蜜意会使男人感到舒服。因此，女人要读懂男人的心思，用自己的甜言蜜语去感化男人，即使是心如磐石的男人，也会感受到女人的柔情蜜意，被女人的真情实意所感动，放下自己的尊严，表露出自己脆弱的一面，在女人的甜言蜜语中与女人融为一体。婚恋中，女人的甜言蜜语就如调和剂，在生活变得暗淡无光，百味俱失的时候，为生活添色添香，让男人领略到生活的多姿多彩，感受到自己的温情。

3. 多欣赏，少抱怨

感受到柔情蜜意的男人，会更加珍惜女人，爱惜女人。如在婚恋中听到的只是女人的埋怨、唠叨，男人会因此变得厌烦，对女人不理不睬，两人的生活也会因此失去光彩。男人对女人肩负着沉重的责任，如果女人说话尖刻嘲讽，抱怨不已，会为男人增加负担，让男人感觉更累。用自己的甜言蜜语化解男人的劳累，分担男人的忧愁，让男人感受到被理解的快慰和被包容的温暖，男人就会对女人百般珍爱。

打开心门

男人不易被读懂，在女人看来，男人深藏不露，需要女人花心思去猜测，去了解。好女人，会耐心地去品味男人，看到男人的坚强和脆弱，她会用自己的柔情去感化男人，用自己的蜜语去温暖男人，共同营造甜美的生活。

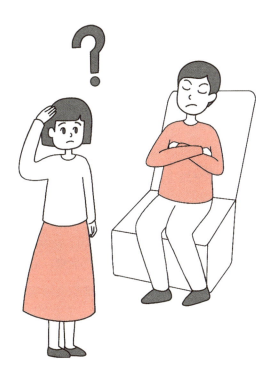

少点猜疑心，爱人之间需要多沟通

　　婚恋中的男人和女人，彼此之间多一些坦诚沟通，多一些理解，少一些多心猜疑，彼此的感情会越来越深。如果女人凡事过于较真，与男人缺乏沟通，就会互相猜疑，不利于感情的发展。婚姻需要用心经营，女人和男人除了柴米油盐的平凡生活，还需要多沟通，让男人明白自己的感情，让男人知道自己对他的欣赏，这样可以巩固夫妻间的关系。然而，女人对男人的感情，不是完全靠言语来表达，有时，动作、表情也能表现出女人对男人的爱恋。但是，言语表达最能体现出女人对男人的情感。

　　如果女人说话做事遮遮掩掩，似乎难以启齿，就会让男人觉得说话啰嗦、行事不干脆，这样难免会引起矛盾，使两人之间的情感破裂。

　　1. 对他形象的赞美

　　男人对外貌的在意绝不亚于女人，对外表的赞美最好可以具体点，类似于"你真帅"之类的模糊称赞，不一定能引起对方的兴趣，你可以表现得更亲密一点，"我喜欢你的头发，很柔软，很干净，闻起来味道很好"或者"你的声音真好听""你肩膀真宽""你的鼻子真挺！"后面三项，除了赞美之外，还是男女性别差异比较强烈的地方，带着某种暧昧的暗示，是经久不衰的甜言蜜语，应该被女性牢牢记住。

2. 对男人表示崇拜

男人对于女人的崇拜，往往不能抗拒，即使不那么熟识的女人表示一下好感和崇拜，也能把双方的距离拉得很近，何况是女朋友的崇拜呢？

多说类似于"你真幽默""你这人真逗""你怎么什么都懂啊！""你真能干！"之类关于对方性情、能力的肯定和欣赏的话语。男人或多或少都具备点骑士精神，喜欢在女人面前出其不意地一展"绝学"，喜欢在异性面前展现自己最有魅力的一面，这类赞美的话，正是对男人魅力的正面夸赞，往往成为男人的兴奋剂，直接转变成他上进的动力，和对你的爱意。会欣赏和崇拜自己男朋友的女人，会给男朋友带来很多无与伦比的美好感受。

3. 表示依赖的话

"我想你了""没有你怎么办"具有轻柔漫入人心的力量，无论你内心有多么鄙视这类甜言蜜语，都不妨甜腻腻地来上一句。男人并不喜欢把"爱"挂在嘴边，但不刻意做作而又淳朴简洁的一句"想你了"，他们不仅不会拒绝，还会非常得意，因为表达了女人对自己的依赖和依恋，这种依赖，满足了男人的虚荣心，没有男人会拒绝。

打开心门

　　婚恋中的女人，和男人沟通时，心里要做到坦诚无私，不要对男人的行为心存疑虑，横加指责，否则，只会伤害夫妻之间的感情。女人做到心里坦诚，光明磊落，就不会隐藏什么事情，不会存在任何疑虑，男人就会感觉到女人对自己的忠诚。

4. 对对方判断和能力的肯定

不管他是在抱怨办公室的不公还是在发表自己对于政治、技术的高见，只要你附和一声，往往意味着你的肯定和承认了他的努力，你是站在他那边的，而且深信他是最精明最有远见的，永远是你最响当当的男子汉。如果能在说出这句话之前，沉默几秒钟，思考一下，更能表现出自己的慎重，往往很容易被男人"引为知音"。

5. 肯定对方的吸引力

"和你在一起真开心！""我们离开这吧，我想和你单独在一起！"两句话同样动人，前一句表示你喜欢和他在一起，他的行为或思想很有吸引力，和他在一起，你是快乐的。后一句表示他本身的吸引力不可抗拒，尤其当你们一起参加一些无聊的派对或者看一部非常枯燥的电影时，这句温柔的提醒，往往使他心情激动亢奋。

性格内向，也要大胆表达爱

内向者坦言："我渴望可以经常依偎在他怀里，向他说些什么或者听他说些什么，但他好像没有这种情绪。"这样的情况，实际上是患上了"爱情沉默症"。除了爱情双方已不再相爱，或一方有了外遇，双方交流不能正常进行的原因大概是：内向者将另一半的述说一味地当成唠叨而对他一概避而远之，内向者没有注意到另一方的情感需要。所以，内向者需要警惕"爱情沉默症"。

"爱情沉默症"，即和自己爱人面对面时，忽然有了无话可说的感觉。沉默似乎成了最好的氛围，妻子不再关心丈夫的行程，丈夫也无心评论妻子的一切，就这样，爱情在沉默中一点点失去了绚丽的色彩。

爱情沉默症会让人感到寂寞，当婚姻将所有与爱情有关的记忆、感动和伤痛都隐藏了，婚后一成不变的日子一天天翻过，有些人会感到失落和惘然。而在这其中，内向者因不愿意改变的性格会使其在爱情中越来越沉默，越来越安静。于是，许多夫妻在婚后花在工作、娱乐、交友以及睡觉的时间，远远多于和自己亲密的爱人的交流时间，时间长了，就会觉得婚姻很枯燥、很乏味，觉得自己被对方忽视所产生的情感孤独比另一半的背叛更伤心。

1. 你是否患上了"爱情沉默症"

"爱情沉默症"的主要表现是：很少对另一半说非常甜蜜的话；从来不向另一半认错；双方从来不共同谈论性生活问题；很少会去想另一半需要什么；经常觉得与另一半聊天是浪费时间；不喜欢与另一半商量，而是一个人做事；总认为故意让另一半高兴是没必要的；不清楚对方的心里是怎么想的；对方做了一件很得意的事情，自己却觉得没什么可炫耀的；遇到矛盾，双方经常生闷气；有些事藏在心里，说出来又怕伤害了对方；不知道对方对自己哪方面不满意；两人在一起会觉得非常无聊。只要具备3条以上，就有可能患了"爱情沉默症"。

2. 促进夫妻之间的和谐

和谐的夫妻生活是强化夫妻感情的黏合剂，一旦夫妻生活有了障碍，就会极大地影响双方之间的感情，甚至可能引发"爱情沉默症"。

3. 保持恋爱的感觉

婚后有可能由于现实的生活，使得婚前的浪漫逐渐减少。内向者在婚姻中应该尽量避免这样的改变，打破过去的错误观念，保持恋爱的感觉，这样才可以在烦琐、平淡的生活中找到生活的乐趣，体会婚姻的幸福。

打开心门

你自身可爱的地方也正是吸引爱人的地方，相信自己的价值，尊重自己的愿望和要求，做一个完整的人，而不是谁的另一半。在婚姻中，内向者可以通过不断完善自己获得外在美和内在美的统一，保持持久的吸引力。

4. 让对方感受到自己的爱

纵然时间飞逝，爱意却不能衰减。内向者要让对方感受到自己的爱，那种无私的、细致的爱，让对方心中充满了幸福和感恩。其实，大部分人都是性情中人，假如内向者以心换心，将心比心，对方也一定会更加爱你。

5. 宣泄不良情绪

夫妻在一起免不了磕磕碰碰，内向者气恼、愤怒、难过等不良情绪需要及时宣泄和引导。内向者心里不痛快时，可以找人诉说一番，一吐为快，这种宣泄的对象可以是自己的爱人，双方均以对方为宣泄的最佳对象。因此，任何一方都不应责备对方心胸狭窄，或嫌对方唠叨，而应主动接受对方的宣泄，并进一步劝解、疏导，排解其内心的痛苦，促使对方从内心矛盾中解脱出来。

第4章

情绪内向者：为什么你总是郁郁寡欢

　　内向者的个性是异常敏感的，喜欢生气、多疑、易怒，所以他们的情绪往往表现得阴晴不定。开心时觉得世界很美好，身边的人都很好，看谁都顺眼；难过时感觉自己被全世界抛弃，身边的人都背弃了自己，看谁都不顺眼。那么，究竟是谁制造了抑郁呢？

内向者往往更容易被情绪掌控

人们经常受到不良情绪的干扰，而且，稍有不慎，情绪就会成为我们的主人。有人这样形象地比喻道："经常性的生气就好像不断地感冒一样。"

在日常生活中，如果我们想要避免感冒的侵袭，通常的做法是防护自己的身体，这样，感冒的病毒就不会传染到自己的身上。

负面情绪与感冒一样，如果没能做好预防工作，就会无可避免地常常生气或感冒。因此，为了不让坏情绪的毒素传染到自己，内向者应该做好一级防护。

1. 学会冷静思考

阻止不良情绪的蔓延，就如同抵制感冒的侵袭，我们应该增强自身抵抗能力，善于思考，努力使自己变得平和，这样，即使情绪在一瞬迸发出来，我们也能将它阻挡在外，冷静处理事情。当然，为了避免怒气的蔓延，我们所需要做的防护工作主要在于学会思考，冷静，使自己在怒气来临时忍耐和克制，这样，我们才能有效地避免盲目冲动。

2. 不断地设想这件事的好处

如何才能做到冷静思考呢？对此，爱德华·贝德福这样说道："每当我克制不住自己冲动的情绪，想要对某人发火的时候，就强迫自己坐下来，拿出纸和笔，写出某人的好处。每当我完成这个清单时，内心冲动的情绪也就消失了，我能够正确看待这些问题了。这样的做法成为了我工作的习惯，在很多次，它都有效地制止了我心中的怒火。逐渐，我意识到，如果当初我不顾后果地去发火，那会使我付出惨重的代价。"

打开
心门

　　生气，是一个人由于自己的尊严或利益受到伤害而产生冲动的情绪，并且这样的状态很难快速冷静下来。对此，心理学家认为，生气是人的弱点，所谓的大胆和勇敢，并不是动辄生气，而是学会思考，学会克制自己内心的冲动情绪。

 压力过大，容易爆发负面情绪

内向者最初踏入社会，都怀着美好的愿望，他们希望自己的能力得到施展，抱负得以实现，但是，社会的残酷与现实打击了他们最初的信心，情绪的不断消耗，给他们身心带来了巨大的压力。

无论是生存压力，还是工作压力，对内向者的情绪都有着重要影响，一旦压力来袭，他们就会变得情绪恶劣，容易生气、烦躁，似乎看什么事情都不顺眼，内心的情绪积压过久，总想痛快地发泄一番。

因此，那些给自己压力过多的内向者，他们心中的负面情绪就越来越多，致使积极情绪不断消失。

每天，人们都面临诸多压力，有可能是事业不顺而造成的工作压力，有可能是感情不顺而造成的情感压力，还有可能是家庭不和谐而造成的家庭压力，对此，心理学家把这些压力统称为"社会压力"。

社会压力对本身性格就内向的人来说，将直接转换成心理压力、思想负担，久而久之，就会成为心结。

那么，内向者该如何应对压力呢？

心理学家建议：适当的压力有助于激发自己更强的斗志，但是，正如任何事情都有一定的度，压力过大就会影响到正常的情绪。因此，在日常生活中，我们要给自己适当的压力，只要不是太糟糕的事情，我们应该学会忘记，这样一来，那些琐碎的小事就不会影响到我们。

1. 压力需要释放

如果压力长久以来得不到有效释放，就会越积越多，并产生巨大的负面能量，最终，它会像一座火山一样爆发出来，导致的结果是，人们的情绪大变，总感觉自己活得太累，天天不开心，脾气越来越坏，甚至，严重者精神崩溃，做出傻事。面对巨大的社会压力和心理压力，最重要的是自我调节、自我释放。

2. 养成良好的作息习惯，营造良好的睡眠环境

在平日生活中，人们需要养成按时入睡和起床的良好习惯，稳定的睡眠，可以避免引起大脑皮层细胞的过度疲劳；注意调节卧室里的温度，睡眠环境的温度要适中；在卧室内可以使用一些温和的色彩搭配，在一个良好的环境中自然能够放松心情，顺利进入睡眠，并保证良好的睡眠质量。

3. 放松精神，舒缓压力

人们需要缓解自身的压力，比如，在睡前可以进行适量的运动，听听音乐，或者是进行头部按摩来缓解压力；也可以进行短距离的散步。

内向者内心总是被无助感缠绕

　　人们救了一头生病的小象，他们把小象养在木桩圈定的范围内。小象小时候曾想过逃跑，但是，那时候它的力气还小，无论如何用力都对付不了木桩。这样日复一日，在小象内心深处就树立了一个牢固的信念：眼前的木桩是不可能被扳倒的。几年后，小象长大了，它已经有足够的力量去扳倒一棵大树，但却对圈禁它的木桩无能为力，这是一个奇怪的现象。其实，这种现象就是"塞利格曼效应"，通常是指动物或人在经历某种学习后，在情感、认知和行为上表现出消极的特殊心理状态。一旦沾染上"习得性无助"的内向者会在内心给自己筑起一道永远的墙，他们坚信自己无能，放弃任何努力，最终导致失败。

　　塞利格曼曾做过这样一个实验：刚开始把狗关在笼子里，只要蜂音器一响，就给狗无法逃避的电击，多次实验之后，再次给狗电击前，先把笼门打开，蜂音器一响，这时狗不但不逃，反而不等电击就先倒在地上开始呻吟和颤抖，哪怕本来有机会逃跑。塞利格曼把这种现象称为"习得性无助"，那么，在人身上是否也存在着这一特性呢？

不久之后，塞利格曼进行了另外一个实验：他将学生分为三组，让第一组学生听一种噪声，这组学生无论如何也不能使噪声停止；第二组学生也听这种噪声，不过他们可以通过努力使噪声停止；第三组是对照，不给受试者听噪声。当受试者在各自的条件下进行一阶段的实验之后，即令受试者进行另一种实验。实验装置是一只"手指穿梭箱"，当受试者把手指放在穿梭箱的一侧时，就会听到强烈的噪声，但放在另一侧就听不到这种噪声。通过实验表明，能通过努力使噪声停止的受试者以及对照组会在"穿梭箱"实验中把手指移到箱子另外一边；但那些在原来的实验中无论怎样努力都不能使噪声停止的受试者仍然停留在原处，任由刺耳的噪声响下去。这一系列实验表明"习得性无助"也会发生在人的身上。

习惯是一种自然，人们不自觉地沾染上"习得性无助"，就会有一种"破罐子破碎""得过且过"的心态，而且，这种消极心态还有可能传染给他人。有的员工在向客户打电话的时候，电话还没有接通就开始说："你们没有这个计划啊？那好，再见。"脸上没有失望的表情，似乎已经习以为常，即使上司告诉他"这个单子你去跟一下"，他也会无奈地表示："跟了也没用，他们没兴趣的。"这些都是生活中典型的"习得性无助"，也许他们就是内向者的一个缩影。

1. 经常说自己不行，最后真的不行

经常把"我不行""我不能"挂在嘴边，这是愚蠢的做法。因为心理暗示的作用是巨大的，当自己经受某种挫折就断然给自己下结论"不行"，实际上是给自己一个消极的心理暗示，时间长了，你会习惯性地说"我不行"。

2. 可怕的不是环境，而是面对失败的态度

多次失败之后，人们想成功的欲望就会减弱，甚至会习惯失败而不采取任何措施。其实可怕的不是环境，不是失败本身，而是这种无能的感觉，我们面对失败的态度！当习惯成了自然，习得性无助就会粉墨登场——破罐子破摔，得过且过，从而成为侵蚀组织躯体的蛀虫。

打开心门

　　内向者常常在经历了一两次挫折之后，就好像失去了挫折免疫能力，他们对于失败的恐惧远远大于对成功的希望，由于怀疑自己的能力，使得他们经常体验到强烈的焦虑，身心健康也受到影响。而且，他们认定自己永远是一个失败者，无论怎样努力都无济于事，即使面对他人的意见和建议，也还是以消极的心态去面对。对于这样的心态，我们应该尽量避免，正确评价自我，增强自信心，让心坚强起来摆脱无助的境地。

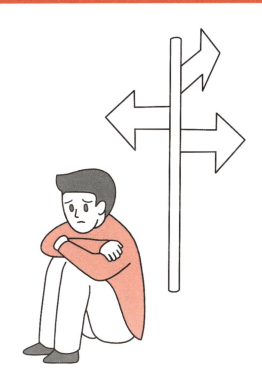

舒缓心情，别让紧张扰乱你的内心

一位曾被紧张情绪困扰的人这样说道："过去的我，性格非常内向，每天都感觉特别紧张，活得十分痛苦，虽然，我尽力伪装让自己显得很正常，但是，我非常清楚自己的心境是处于病态中，当逃避和伪装让自己不胜疲惫的时候，我终于选择了面对，心里越是害怕与人沟通，我就越要与人主动沟通；越是不喜欢人多的地方，我就越给自己机会来面对人群。在这种与自己抗争的艰辛历程中，我得到了前所未有的历练和成长。"其实，紧张的情绪对于内向者来说，并不可怕，只要鼓起勇气，就能够克服内心的恐惧，从而使自己变得优雅起来。

马克思曾说："一种美好的心情比十服良药更能解除生理上的疲惫和痛楚。"然而，在现实生活中，有一种情绪时常困扰着内向者，诸如独自登台表演或演讲的时候、与陌生人沟通的时候、在公众场合说话的时候，等等，这时紧张的情绪会冒出来困扰他们，影响内向者的一举一动。

赛车的时候，在瞬息万变的赛道上，每一次判断和决定都是在毫秒之间做出的，因此，几乎所有的赛车手都有一个最大的通病，那就是——"紧张的情绪"。对于许多赛车手来说，彼此之间都有一个心照不宣的秘密，那就是许多人都会因为比赛过度紧张而尿裤子。

舒马赫在赛车界中是数一数二的人物，然而，即便是拥有无法超越成就的赛车王，也会在每次比赛前感觉紧张。于是，为了缓解自己的紧张情绪，每次比赛之前，舒马赫都会玩一玩电子游戏，这样，他才能更加优雅地玩转赛车。

有时候，紧张的情绪使内向者怯场，内心萌生退缩的念头；有时候，紧张的情绪会让内向者心中大乱，最终以失败而收场。

总而言之，紧张的情绪似乎总是跟随着内向者左右，势必要影响他们的言行举止才罢休，紧张，总是有意或无意地干扰着属于自己的心境，在紧张的心境下，他们似乎没有办法做好任何事情。所以，要想拥有一份美好的心情，内向者应该努力克服内心的紧张情绪。

1. 别对自己要求那么高

在生活中，要想克服紧张的心理，内向者就应该努力把自己从紧张的情绪中解脱出来。心理学家认为：有效消除紧张心理，从根本上说是要降低对自己的要求，一个人如果十分争强好胜，每件事情都追求完美，那么，常常就会感觉到时间紧迫，内心自然充满紧张。而如果我们能够清楚地认识到自己的能力，放低对自己的要求，凡事从长远打算，这样，心情自然就会放松。

打开
心门

其实，紧张的情绪并不是内向者所特有的，而是每一个人都有的一种心境，无论多么伟大的人，他们都未必能完全摆脱紧张的束缚。但是，只要他们能找到恰当的放松方式，内向者就可以轻松地战胜内心的紧张情绪，完美地赢得最后的胜利。

2. 紧张吗？不如玩玩游戏

赵治勋被日本人称为"棋圣"，他在围棋界占据着极其重要的位置。然而，即使是这样一位大师也会紧张，在每一次激烈的对弈中，赵治勋都感到异常紧张，而一紧张就很容易出错。因此，为了缓解内心的紧张情绪，赵治勋总是要求工作人员准备一大堆火柴棍和废纸，在对弈的时候，他通过撕废纸和折火柴棍来舒缓自己紧张的情绪，这样，他才能运筹帷幄，最终赢得比赛。

内向者面对挫折更容易产生消极情绪

　　大多数内向者都是理想主义者，他们总是幻想着美好的未来，浪漫的爱情，幸福的生活。可是，当现实犹如一盆冷水浇在头上的时候，他们才会意识到自己的错误。如果内向者长期沉溺于沮丧，不能自拔，便会影响其身心健康。其实，内向者容易受消极情绪影响的一部分原因是来自自己的不自信。当他们自身的能力、魅力遭到否定的时候，就会灰心，甚至一蹶不振。这时候，他们自己也不再相信自己，不断地否定自己。一个沮丧的内向者，陷于沮丧的痛苦中，也很挣扎，希望得到他人的帮助，于是他们很想求助于别人。可是孤独和害怕被拒绝的心理使他们往往不敢去求人。自卑的心理，让他们自己也无法正视自己的脆弱，只好以假装快乐的方式来掩饰自己。

　　内向者通常在遭遇一点点不顺心的事情就会垂头丧气，失望到底。比如，在上班的时候情绪不太好，回到家看见乱七八糟的东西，就会觉得事事都不如意；本来自己花了很大功夫做的企划案，却一下子被上司否定，就会觉得心灰意冷；心情很靓地去逛街，却从服装店的镜子里，偶然看见自己的大象腿，于是便灰心地空手而归了。其实，这些都是生活中很小的事情，但是却很容易让内向者产生消极心理。

当内向者面对一些现实问题的时候，总是会产生消极的心理状态。由于自己对生活的期望太高，而世界却是冷冰冰的，社会是残酷现实的，所以便会充满失望、灰心，甚至绝望。消极心理会逐渐影响到内向者的生活和工作，它使内向者的人生停下了前进的脚步，使其对生活失去信心。所以，内向者要克制自己的情绪，远离沮丧情绪。

1. 克服自卑心理

远离消极情绪，内向者就要克服自己的自卑，肯定自己，对自己充满信心。很多内向者通常是不自信的，由于社会对于内向者能力的怀疑，还由于内向者自己对自己的怀疑。他们常常觉得自己的能力需要别人来肯定，一旦别人在一件小事上对他否定，由于自卑心理作祟，就会觉得自己被完全否定，于是开始灰心丧气。

2. 重视自己

为了打败沮丧，内向者要重视自己，肯定自己，做一件事情，要时刻树立一种强烈的自信感。每个内向者都有自己引以为豪的地方，当你被否定的时候，要看到自己的优点，那么你就有机会重新站起来。适当的时候，给自己信心。当你开始沮丧的时候，对着镜子，告诉自己："你是最棒的"。只要自己肯定了自己，对自己充满信心，就会从消极情绪的漩涡中挣扎出来。

打开心门

一些内向者之所以能够成功，就在于他能够克服自己的消极情绪。他们通常能够以开放的心理去接受各种情绪的影响，所以情绪的承受能力很强。他们能时刻对自己充满自信，保持积极向上的生活态度。所以，当他们遭遇沮丧的时候，能通过适当的途径克服沮丧情绪所带来的困扰，并且能及时地回到正常的工作和生活中。

3. 保持积极向上的心态

远离消极情绪，要保持积极向上的心态。如果生活的烦恼困扰着你，不要失望，不要灰心，时刻用一颗乐观的心去看待问题。你就会发现，事情并没有你想象得那么糟糕。"面包会有的，牛奶会有的。"如果你这么安慰自己，就会发觉自己所遭受的没什么大不了。

4. 自己是幸运的

想一想那些在病床上与病魔抗争的人，想一想那些在地震中失去双腿的孩子，想一想那些流浪在街边无家可归的人。你会觉得，你是一个特别幸运的人。至少，你有温暖的家，爱你的人，健康的身体，又何必整天为这些小事想不开呢？沮丧让你失去对生活的信心，但是，积极乐观的心态会让你重拾信心，并且会让你拥有美好的人生。

第5章

自我检测：这些心理测试帮你明辨性格类型

　　内向性格具有什么样的特征？你是否知道自己属于哪种类型性格？如果你尚在迷茫阶段，那不妨测试一下自己的性格。只有确切地了解自己属于哪种性格，以及心理特征，我们才能扬长避短，使性格发挥最好的效用。

 **什么是菲尔测试**

　　皮克·菲尔生于20世纪50年代，美国第一心灵励志大师，被人们亲切地称为菲尔博士。他倡议并主持推广的气场训练课程，即"每个人都有吸引力运动"，使全世界1600万人从中受益，通过他独特的训练课程最终找回了自信。

　　皮克·菲尔曾在哈佛大学、加州大学、华盛顿州立大学、普林斯顿大学等多所知名学府发表演讲，在电台、电视台开办讲座，并在华盛顿、纽约、旧金山等城市设立了多个气场训练中心，与常青藤盟校建立了紧密的合作关系。菲尔博士有一系列有趣课程和科学实用的训练方法，对帮助人们实现心理上的强大和精神的成功，提升无数人的人生境界起到了巨大的作用。

　　这个测试是菲尔博士在著名主持人欧普拉的节目里做的，国际上称为"菲尔人格测试"，这已经成为很多大公司人事部门实际用人的"试金石"。

　　你可以用笔记录下答案，从而看到一个真实性格的你。

　　1. 你什么时候感觉最好？

　　A. 早晨

B. 下午或傍晚

C. 夜里

2. 你走路时的姿态是什么样的？

A. 大步地快走

B. 小步地快走

C. 不快，仰着头面对着世界

D. 不快，低着头

E. 很慢

3. 与人说话时保持什么样的姿态？

A. 手臂交叠站着

B. 双手紧握着

C. 一只手或两手放在臀部

D. 碰着或推着与自己说话的人

E. 手抚摸着自己的耳朵摸着自己的下巴或是用手玩弄整理头发

4. 坐着休息时，保持什么样的姿态？

A. 双膝并拢

B. 两腿交叉

C. 两腿伸直

D. 一腿蜷在身下

5. 碰到你感到发笑的事时，你的反应是什么？

A. 一个欣赏的大笑

B. 笑着，但不大声

C. 轻轻地，咯咯地笑

D. 害羞地微笑

6. 当你去参加一个活动或在社交场合时，你保持什么样的姿态？

A. 动作比较夸张地入场，希望能引起注意

B. 默默地入场，只是在人群中找到自己熟悉的人

C. 非常安静地入场，尽可能保持自己不被人注意

7. 当你十分认真地工作时，有人打断你，你会有什么样的反应？

A. 比较有兴趣，欢迎他

B. 感到十分生气

C. 在上述两种情绪之间

8. 你最喜欢下面哪一种颜色？

A. 红色或橘色

B. 黑色

C. 黄色或浅蓝色

D. 绿色

E. 深蓝色或紫色

F. 白色

G. 棕色或灰色

9. 临入睡的前几分钟，你在床上保持什么样的姿势？

A. 仰着躺在床上，伸直身子

B. 俯卧床上，伸直身子

C. 侧卧，微微蜷曲着身子

D. 头睡在一只手臂上

E. 头用被子盖着

10. 下面哪些场景会经常出现在你的梦境？

A. 落下

B. 打架或挣扎

C. 寻找东西或人

D. 飞或漂浮

E. 你平常不做梦

F. 你的梦都是令人高兴的

菲尔测试得分标准（选项后数字为本选项得分）：

1. A2 B4 C6	2. A6 B4 C7 D2 E1
3. A4 B2 C5 D7 E6	4. A4 B6 C2 D1
5. A6 B4 C3 D5	6. A6 B4 C2
7. A6 B2 C4	8. A6 B7 C5 D4 E3 F2 G1
9. A7 B6 C4 D2 E1	10. A4 B2 C3 D5 E6 F1

经过上述10项测试后，再将所有分数相加：

（1）60分以上：傲慢的孤独者

你留给人们最深刻的印象就是"骄傲"，总是以自己为中心，对任何的人和事物都有较强的控制欲、操纵欲。尽管在你身

上也存在很多优点，甚至可以是人们学习的对象，但是他们却不太愿意跟你接触。

（2）51~60分：极富吸引力的冒险家

你平日里很兴奋、活跃，个性比较冲动，好像天生就是一个领袖，做决定比较果断，不拖泥带水，虽然你的决定不总是对的。当然，你是勇敢的、喜欢冒险的，喜欢去尝试任何事情，周围人喜欢和你在一起。

（3）41~50分：平衡的中庸者

你给他人的印象是活力四射、有魅力、好玩、讲究实际、非常有趣、极富新鲜感。尽管你是一个群众注意力的焦点，但你是一个足够平衡的中庸者，不至于因此而昏了头。因为你看起来很和蔼亲切、体贴、宽容，是一个永远会令人高兴且乐于助人的人。

（4）31~40分：自我保护者

在他人看来，你是一个智慧、谨慎、注重实效的人，同时认为你是一个聪明伶俐、极具天赋且十分谦虚的人。在生活中，你不容易很快与他人成为朋友，不过一旦成为朋友，就会对朋友非常忠诚，而且要求朋友对你也忠诚。若有人想要动摇你对朋友的信任是比较困难的。同样，一旦你失去对某人的信任，也就很难恢复。

（5）21~30分：缺乏信心的挑剔者

你给别人的印象是勤劳刻苦、过分追求完美、严谨，你是一个谨慎小心的人。你从来不会做没有准备的事情，或者说冲动的事情，假如你真这样做了，会令他们大吃一惊。有时你会各个方面检验之后依然决定不去做，而你之所以这样是由于谨慎的性格引起的。

（6）21分以下：内向的悲观者

在他人看来，你是一个羞怯的、神经质的、优柔寡断的人，永远需要别人来为你做决定。你似乎总是生活在自己的世界里，不想与任何事情或任何人有关，你总是在杞人忧天，你好像永远看不到存在的问题。有些人认为你令人乏味，只有那些理解你的人知道你内心并非如此。

性格可以看成人的一种惯性行为，心理学研究成果告诉我们，性格的形成是由多方面因素决定的，最关键的因素有遗传因素、社会文化、家庭环境、学习等。所谓"江山易改，本性难移"，可见性格有相当的稳定性。不过，性格并非一成不变的，童年时期因环境压抑而性格内向者，长大后会因得志可能转为外向；犯罪的人洗心革面后可能变成善良守法的好人，这些都是生活中屡见不鲜的现象。

测试一下，你是性格内向者还是外向者

你知道自己的性格吗？外向型通常表现为活泼、开朗、灵活；内向型表现为文静、喜欢思考、细致。两种性格类型都有其优点和缺点，互相补充。下面有50道题，可以根据自己的实际情况，做出"是""否"或者"不确定"的回答。通过本测试题可以初步判断你的内、外向性格。

题号为奇数的题目，答案"是"计2分，答案"不确定"计1分，答案"否"计0分。题号为偶数的题目，答案"否"计2分，答案"不确定"计1分，答案"是"计0分。

1. 即便对方与你意见不同，也可以与之和谐相处。

2. 你读书比较缓慢，致力于完全读懂。

3. 虽然你做事速度比较快，不过却马虎了事。

4. 你常常分析自己，研究自己的内心。

5. 生气时，你总是毫不掩饰地将怒气发泄出来。

6. 你在人多的场合总是尽量不引起别人的注意。

7. 你没有写日记的习惯。

8. 你对人总是很谨慎。

9. 你是一个不拘小节的人。

10. 你害怕在人多的场合发表讲话。

11. 你可以做好领导者的工作。

12. 你经常会怀疑别人。

13. 若你受到表扬将会更加努力工作。

14. 你渴望过平静、轻松简单的生活。

15. 你从来不会想到未来的事情。

16. 你常常会一个人胡思乱想。

17. 你喜欢经常换工作。

18. 你经常回忆自己过去的生活。

19. 你很喜欢参加集体活动。

20. 你总是思考之后再行动。

21. 你在花钱时从来不精打细算。

22. 你不喜欢自己在工作时有人来打扰。

23. 你总是以乐观的态度对待生活。

24. 你总是一个人思考问题。

25. 你不惧怕麻烦的事情。

26. 你从不容易相信陌生人。

27. 你从来不按计划办事。

28. 你不善于结识新朋友。

29. 你的想法经常会发生变化。

30. 平时过马路很注意交通安全。

31. 有什么话，你总是忍不住想要一吐为快。

32. 你经常会感到很自卑。

33. 你不是太过注意自己的衣服是否干净。

34. 你很在意别人对你有什么看法。

35. 与人交流，你经常是话多的那位。

36. 你喜欢一个人宅在家里休息。

37. 你的情绪很容易波动。

38. 看到家里很乱，你就静不下心来。

39. 遇到不明白的问题你就去请教别人。

40. 如果旁边有人说话，你总没办法安静下来学习。

41. 你的口头表达能力还可以。

42. 你是一个沉默少言的人。

43. 你适应新环境的能力较强。

44. 如果要求你与陌生人交流，你感到十分为难。

45. 你经常会过高估计自己的能力。

46. 你总是为遭遇的失败耿耿于怀。

47. 你觉得认真做事比较重要。

48. 你很关注同事们的工作状况。

49. 相对于安静地看书和看电影，你更喜欢热闹的活动。

50. 你在选择东西时总是犹豫不决。

最后将各道题的分数相加，其和即为你的性格指数。性格指数在0~100，而通过性格指数的数值可以了解一个人内倾或外倾的程度。

0~19分：内向型。

20~39分：偏内向型。

40~59分：中间型（混合型）。

60~79分：偏外向型。

80~100分：外向型。

结果分析：

（1）内向

内向者具有较高的感受性和较低的敏感性，他们的心理反应速率比较缓慢，动作迟钝，说话慢慢吞吞。性格方面，多愁善感，容易情绪化，不过表现微弱而持久。平时不善于与人交往，遭遇挫折常常优柔寡断，在危险面前表现出恐惧和畏缩，在受挫之后经常会感到不安，不能迅速将注意力转移到别处。主动性较差，内向者无法将事情坚持到底。往往富有想象力，比较聪明，对自己能做的事情表现出较大的坚忍精神，且可以克服一切困难。

（2）偏内向

偏内向者不轻易动情感，情绪不外露，态度比较稳重，交际适度，可以控制自己的行为。这样的人心理反应比较缓慢，遇事冷静不慌张。可塑性差，表现不够灵活，这一方面使他们能有条理、冷静持久地工作；另一方面又使他们容易因循守旧、缺乏创新精神，性格通常表现为内向，对外界的影响较少做出明确的反应。

（3）偏外向

偏外向者会对所有一切吸引自己注意的东西，做出主动的、积极的反应。他们行动敏捷，有较强的适应环境能力，善于结识新朋友，容易动感情、性格活泼、表情生动，言语极具表达了和感染力。在平时生活中，总表现出精力充沛的样子，有较强的坚定性和毅力。不过在持久的工作中，激情容易消退，时而表现出萎靡不振的状态。

（4）外向

外向者具有较高的反应性和主动性，脾气暴躁、不稳重、喜欢挑衅，但态度直率、精力旺盛。可以对工作投入极大的热情，并克服前进道路上的重重困难，只是有时会表现出缺乏耐心的样子。

不过，当遭遇的挫折和困难太大而需要持续努力时，他们会容易心灰意冷，且意志消沉，可塑性较差，不过兴趣比较稳定。

在这个世界上，每个人都是独一无二的。这种独特性不但表现在个人的基因是独一无二的，也表现在每个人都具有不同的个性。但是，这些形形色色的个性也有相似的地方。著名心理学家荣格根据人的心态是主观内部世界还是客观外在世界，将人分为两种类型：内向与外向。这即是最常见的性格分类法，称为"性向"，就是"性格的指向"。

给自己做一个性格类型测试

从心理学角度来说，性格是人稳定个性的心理特征，它表现在人对待现实的态度和相应的行为方式上，不同的态度和行为方式的结合构成了区别于他人的独特性格。对此，我们可以发现，性格的形成有着多方面的因素，如遗传因素、家庭因素、生理因素。事实上，性格有多种类型，下面我们就根据测试判断你属于哪种性格类型。

阅读以下40个题目，将符合自己情况的命题标出。需要注意的是，不要在一个问题上拖延太多的时间，根据自己的第一反应或第一印象做出判断，不符合个人情况的命题则不需要标出。

1. 人们说我十分友好。（S）

2. 虽然我只有几个朋友，但我们的关系非常密切。（M）

3. 我是天生的领导者。（C）

4. 我节省，从来不乱花钱。（P）

5. 我懂得享受生活。（S）

6. 我喜欢每一个细节都是完美的。（M）

7. 我情绪易波动，经常在早上醒来不知道会是何种情绪。（M）

8. 我喜欢批评生活中的人和事。（M）

9. 我容易生气。（C）

10. 我做决定时总是犹豫不决。（P）

11. 我很少会因为事情而感到愤怒和不安。（P）

12. 一群人聚会，我喜欢讲一些生动的故事。（S）

13. 有人说我这个人不靠谱。（S）

14. 我很会控制自己的行为。（M）

15. 有人说我冷漠无情。（C）

16. 我很果断。（C）

17. 我非常幽默。（P）

18. 我喜欢无所事事。（P）

19. 我不是很有组织纪律性。（S）

20. 我更喜欢旁观而不是参与。（P）

21. 我不容易原谅别人。（C）

22. 我在短时间内可以做很多事情。（C）

23. 场合中只要有我就会很热闹。（S）

24. 我容易陷入悲观和抑郁情绪中。（M）

25. 我做任何事情都不太主动。（P）

26. 我非常有耐心。（P）

27. 我喜欢说话。（S）

28. 我不喜欢大聚会，只喜欢与几个好朋友在一起。（M）

29. 我非常热情。（S）

30. 有人说我是一个十分勇敢的冒险者。（C）

31. 我对事情有清楚的看法。（C）

32. 我喜欢睡觉。（P）

33. 我喜欢掌控局势与事态。（C）

34. 我不擅长交朋友。（M）

35. 我十分喜欢艺术。（M）

36. 我爱所有人。（S）

37. 我十分自信。（C）

38. 我经常觉得别人不喜欢我。（M）

39. 我花钱很大方。（S）

40. 我经常感到很累。（P）

将符合您个人情况的命题进行同类合并。具体方法：分别将您标出的所有M、S、C、P后的数字相加，并将相加后的分数分别填在测试表下面对应字母的空白处。

M（忧郁型或完美型）_____

P（冷静型或平和型）_____

S（乐天型或活泼型）_____

C（急躁型或力量型）_____

结果分析：

（1）M（忧郁型或完美型）

M型的人喜欢深思，他们喜欢自己支配时间，需要宁静；

他们十分重感情，其情绪可能达到快乐的顶峰，也可能跌落到失望的低谷。在生活中，他们喜欢用大量的时间来思考问题；他们喜欢交际，却总是默默无闻，不希望引起别人的注意，他们更希望别人主动找他们攀谈。

优势：这种类型的人有着较强的洞察力，敏感而尽责，具备较好的交流技巧，善于结交新朋友。他们的工作方式可以被描述为精准、细心、善于分析、组织良好而自律。他们富有自我牺牲精神，安静而谨慎，通常在艺术、诗歌和音乐方面有较高的天赋。

劣势：他们的情绪容易波动，经常处于沮丧状态，由于其绝望态度，不愿意参与以及追求完美，容易将自己独立起来。他们有自我牺牲的特点，平时不愿意拒绝他人，容易屈从，从而容易被人驱使。这样的人对新鲜的人和环境会充满质疑，由于他们曾经有多次失败的经历，可能被人们当作不愿意交往的群体对待。

（2）P（冷静型或平和型）

这种类型的人有镇定、沉着的特点，因此常常被看作是没有感情的人。他们理解和处理事情的方法如解题一般，他们愉快而放松，面对任何事情总是坦然一笑，所奉行的口头禅："不要担心，快乐行事。"

优势：这样的人大多沉着老练，实际而靠谱，内心坚韧，非常幽默风趣。他们擅长发现生活中的快乐，即便别人感到不是有趣的事情，在他们看来也比较有趣。他们容易与各种类型的人建立关系，是十分好的外交家，一旦发生了矛盾，他们就是最好的协调者。

劣势：这样的人缺乏动机，比较懒惰。他们在做决定时容易犹豫不决，有时表现为若无其事，好像他们对人和事情都不关心、冷淡，这时他们宁愿看大量的电视节目。遇到事情他们宁愿旁观而不是参与。

（3）S（乐天型或活泼型）

这种类型的人愉快、自信、乐观积极，他们高兴时喜欢唱歌，就连写字时也喜欢用感叹号以表示自己兴奋的情绪，称呼身边的人喜欢用绰号，被人们当作"活宝"。他们善于结交朋友，似乎每个人都可以成为他的朋友。

优势：这种类型的人可以带给身边的人希望和快乐，给予对方很大的尊重，因而受到人们的欣赏。他们个性活泼、积极、满怀希望，且充满点子，富于创造性，使得他们容易战胜困难。在生活中，他们拥有一大帮朋友，擅长自我推销，可以说服任何人、任何事。

劣势：这种类型的人缺乏纪律，不愿接受管教，有时会承诺一些做不到的事，常表现夸张；喜欢夸夸其谈，喜欢打乱别人，高声发表自己的看法。脑子里充满新奇想法，有的脱离现实，由于热衷于表现，强烈希望自己成为人群的中心，却被别人当做浅薄而过分自我的人。

（4）C（急躁型或力量型）

这种性格的人容易生气，却又非常干练、非常有纪律。他们具有较高的动机，做事主动，工作刻苦，不管是在平时还是在艰苦条件中都可以坚持不懈，他们经常将那些计划付诸于实践。

优势：这种类型的人决断、自信、不畏困难、充满勇气，有较强的能力，他们是天生的领导者。他们很会设计多元性的项目，他们可信而有责任感，从来不拖延时间，表现出力量和持久的恒心，愿意吃苦。

劣势：这种类型的人容易激动，喜欢生气，他们会快速地由冷淡变得火爆，在生活中他们是挑剔和霸道的。面对压力，他们常常顾不了别人且盛气凌人。他们喜欢讽刺他人，生活中因目标过于明确而不利于他们的交往关系。他们喜欢利用别人来达到自己的目的，他们的生活态度积极却又急于求成，常常不顾自己的情感。

你的情绪属于哪种类型

曾经，有一篇科学报告中说了这样一段话："一个人在生气时的分泌物可以毒死一只老鼠；一个人如果生气5分钟，所消耗的体能不亚于跑2公里所消耗的体能。"对此，许多科学家得出了这样的结论："一个人在很大程度上并不是老死的，而是被气死的。"由此可见，对于我们来说，拥有健康的心理是非常重要的，良好的情绪，温和的脾气都是良好心理素质的必备条件，这样，在任何时候，我们都处于泰然自若，平静如水的境地，而这正是高情商的标志。或许，你很想知道自己属于哪种情绪类型，那么，不妨来做做哈佛大学的情商测试。

如果你很想知道自己到底是属于哪种情绪类型，就先做一做下面的测试题吧。（注：每道题都有3个选项，所选择的答案分数在小括号里）

1.假如让你选择，你更喜欢：

A.与许多人一起工作，并进行亲密接触（3）

B.和一些人一起工作（2）

C.独自工作（1）

2. 当你为了解闷而读书时，你会喜欢：

A. 史书、秘闻、传记类（1）

B. 历史小说、"社会问题"小说（2）

C. 科幻小说、荒诞小说（3）

3. 对恐怖电影反应如何？

A. 不能忍受（1）　　　B. 害怕（3）　　　C. 很喜欢（2）

4. 以下哪种情况与你相符：

A. 很少关心他人的事（1）

B. 关心熟人的生活（2）

C. 爱听新闻，关心别人的生活细节（3）

5. 到外地时，你会：

A. 为亲戚们的平安感到高兴（1）

B. 陶醉于自然风光（3）

C. 希望去更多的地方（2）

6. 你看电视剧时会哭或感动得哭吗？

A. 经常（3）　　　　B. 有时（2）　　　　C. 从不（1）

7. 路上遇见朋友时，通常是：

A. 点头问好（1）

B. 微笑、握手和问候（2）

C. 拥抱他们（3）

8. 假如在飞机上有个烦人的陌生人要你听他讲自己的经

历，你会怎样：

　　A.显示你颇有同感（2）

　　B.真的很感兴趣（3）

　　C.打断他，做自己的事（1）

　　9.你想过给报纸的问题专栏投稿吗？

　　A.绝对没想过（1）

　　B.有可能想过（2）

　　C.想过（3）

　　10.当别人问你的个人隐私时，你会怎样？

　　A.感到不快和气愤，拒绝回答（3）

　　B.平静地说出你认为合适的话（1）

　　C.虽然不快，但还是回答（2）

　　11.在咖啡店要了杯咖啡，这时你发现邻座有一位姑娘在哭泣，你会怎样？

　　A.想说些安慰话，但却羞于启口（2）

　　B.问她是否需要帮助（3）

　　C.换个座位远离她（1）

　　12.在朋友家聚餐之后，朋友和其爱人吵了起来，你会怎么做？

　　A.觉得不快，但无能为力（2）

　　B.马上离开（1）

　　C.尽力为他们排解（3）

13. 送礼物给朋友：

A. 仅仅在新年和生日（1）

B. 全凭感情（3）

C. 在觉得有愧或忽视他们的时候（2）

14. 刚认识的一个人对你说了些恭维话，你会怎么样？

A. 感到窘迫（2）

B. 谨慎地观察对方（1）

C. 非常喜欢听，并开始喜欢对方（3）

15. 假如你因家事不快，上班时你会：

A. 继续不快，并显露出来（3）

B. 工作起来，把烦恼丢在一边（1）

C. 尽量理智，但仍因压不住而发脾气（2）

16. 生活中的一个重要关系破裂了，你会：

A. 感到伤心，但尽可能正常生活（2）

B. 至少在短时间内感到痛心（3）

C. 无可奈何地摆脱忧伤之情（1）

17. 一只迷路的小狗闯进你家，你会：

A. 收养并照顾它（3）

B. 扔出去（1）

C. 想给它找个主人，找不到就让它安乐死（2）

18. 对于信件或纪念品，你会：

A. 刚收到时便无情地扔掉（1）

B.保存多年（3）

C.两年清理一次（2）

19.你会因内疚或痛苦而后悔吗？

A.是的，一直很久（3）

B.偶尔后悔（2）

C.从不后悔（1）

20.与一个很羞怯或紧张的人说话时，你会：

A.因此感到不安（2）

B.觉得逗他讲话很有趣（3）

C.有点生气（1）

21.你喜欢什么样的孩子？

A.很小的时候，而且有点可怜巴巴（3）

B.长大了的时候（1）

C.能同你谈话的时候，并且形成了自己的个性（2）

22.爱人抱怨你花在工作上的时间太多了，你会怎样？

A.解释说这是为了两人的共同利益，然后仍像以前那样（1）

B.试图把时间更多地花在家庭上（3）

C.对两方面的要求感到矛盾，并试图使两方面都令人满意（2）

23.在一场非常精彩的演出结束后，你会：

A.用力鼓掌（3）

B.勉强鼓掌（1）

C.加入鼓掌，但觉得很不自在（2）

24.当拿到母校出的一份刊物时，你会：

A.通读一遍后扔掉（2）

B.仔细阅读，并保存起来（3）

C.不看就扔进垃圾桶（1）

25.看到路对面有一个以前的朋友时，你会：

A.走开（1）

B.走过去问好（3）

C.招手，如对方没反应便走开（2）

26.听说一位朋友误解了你的行为，并且正在生你的气，你

会怎样？

A.尽快联系，作出解释（3）

B.等朋友自己清醒过来（1）

C.等待一个好时机再联系，但对误解的事不作解释（2）

27.你怎样对待不喜欢的礼物？

A.立即扔掉（1）

B.热情地保存起来（3）

C.藏起来，仅在赠送者来访时才摆出来（2）

28.对示威游行、爱国主义行动、宗教仪式的态度如何？

A.冷淡（1）　　B.感动得流泪（3）　　C.使你窘迫（2）

29.你有没有毫无理由地感到过害怕？

A.经常（3）　　　B.偶尔（2）　　　C.从不（1）

30.你属于下面哪种情形？

A.十分留心自己的感情（2）

B.总是凭感情办事（3）

C.感情没什么要紧，结局才最重要（1）

结果分析：

（1）30~50分

你的情绪类型是理智型，你有较强的自制力，缺点是对别人的情绪缺少反应，建议放松一下自己。

（2）51~69分

你的情绪类型是情绪型，有时候会感情用事，有时又十分理性，一般很少与人争吵，爱惜生活，生活得愉快、舒心。

（3）70~90分

你的情绪类型是冲动型，很重感情，会意气用事，建议你以后遇事镇定一些。

你的抑郁指数如何测出来

美国新一代心理治疗专家、宾夕法尼亚大学的David D.Burns博士曾设计出一套抑郁症的自我诊断表"伯恩斯抑郁症清单（BDC）"，这个自我诊断表可帮助你快速诊断出你是否存在着抑郁症，且省去你不少用于诊断的费用。

请在符合你情绪的项上打分：没有0，轻度1，中度2，严重3。

1. 悲伤：你是否一直感到伤心或悲哀？

2. 泄气：你是否感到前途渺茫？

3. 缺乏自尊：你是否觉得自己没有价值或自以为是一个失败者？

4. 自卑：你是否觉得力不从心或自叹比不上别人？

5. 内疚：你是否对任何事都自责？

6. 犹豫：你是否在做决定时犹豫不决？

7. 焦躁不安：这段时间你是否一直处于愤怒和不满状态？

8. 对生活丧失兴趣：你对事业、家庭、爱好或朋友是否丧失了兴趣？

9. 丧失动机：你是否感到一蹶不振做事情毫无动力？

10. 自我印象可怜：你是否以为自己已衰老或失去魅力？

11. 食欲变化：你是否感到食欲不振？或情不自禁的暴饮暴食？

12. 睡眠变化：你是否患有失眠症？或整天感到体力不支，昏昏欲睡？

13. 丧失性欲：你是否丧失了对性的兴趣？

14. 臆想症：你是否经常担心自己的健康？

15. 自杀冲动：你是否认为生存没有价值，或生不如死？

总分：测试完之后，请算出您的总分并评出你的抑郁程度。

抑郁自测答案：

0~4分：没有抑郁症。

5~10分：偶尔有抑郁情绪。

11~20分：有轻度抑郁症。

21~30分：有中度抑郁症。

31~45分：有严重抑郁症并需要立即治疗。

如果你通过BDC抑郁症清单测试表测出你患有中度或严重的抑郁症，我们建议你赶紧去接受专业帮助，因为当你需要援助而没有及时地寻求援助时，你可能会被你的问题击毁。

心理自测：你有心理疾病吗

关心人们心理健康成了一个越来越普遍的话题。近几年人们的心理问题越来越严重，因为心理问题而出现的各种震惊事件引起了大家的注意，在这里为大家准备了40道心理测试题，有兴趣的可以来测测，看看你的心理是否健康。

对以下40道题，如果感到"经常是"，画√号；"偶尔是"，画△号；"完全没有"，画×号。

测试题：

1. 平时不知为什么总觉得心慌意乱，坐立不安。（　　　）

2. 上床后，怎么也睡不着，即使睡着也容易惊醒。（　　　）

3. 经常做恶梦，惊恐不安，早晨醒来就感到倦怠无力、焦虑、烦躁。（　　　）

4. 经常醒1~2小时，醒后很难再入睡。（　　　）

5. 学习常使自己感到非常烦躁，讨厌学习。（　　　）

6. 读书看报甚至在课堂上也不能专心一致，往往自己也搞不清在想什么。（　　　）

7. 遇到不称心的事情便较长时间地沉默少言。（　　　）

8. 感到很多事情不称心，无端发火。（　　）

9. 哪怕是一件小事情，也总是很放不开，整日思索。（　　）

10. 感到现实生活中没有什么事情能引起自己的乐趣，郁郁寡欢。（　　）

11. 老师讲课，常常听不懂，有时懂得快忘得也快。（　　）

12. 遇到问题常常举棋不定，迟疑再三。（　　）

13. 经常与人争吵发火，过后又后悔不已。（　　）

14. 经常追悔自己做过的事，有负疚感。（　　）

15. 一遇到考试，即使有准备也紧张焦虑。（　　）

16. 一遇挫折，便心灰意冷，丧失信心。（　　）

17. 非常害怕失败，行动前总是提心吊胆，畏首畏尾。（　　）

18. 感情脆弱，稍不顺心，就暗自流泪。（　　）

19. 自己瞧不起自己，觉得别人总在嘲笑自己。（　　）

20. 喜欢跟自己年幼或能力不如自己的人一起玩或比赛。（　　）

21. 感到没有人理解自己，烦闷时别人很难使自己高兴。（　　）

22. 发现别人在窃窃私语，便怀疑是在背后议论自己。（　　）

23. 对别人取得的成绩和荣誉常常表示怀疑，甚至嫉妒。（　　）

24. 缺乏安全感，总觉得别人要加害自己。（　　）

25. 参加春游等集体活动时，总有孤独感。（　　）

26. 害怕见陌生人，人多时说话就脸红。（　　）

27. 在黑夜行走或独自在家有恐惧感。（　　）

28. 一旦离开父母，心里就不踏实。（　　）

29. 经常怀疑自己接触的东西不干净，反复洗手或换衣服，对清洁极端注意。（　　）

30. 担心是否锁门和东西忘记拿，反复检查，经常躺在床上又起来确认，或刚一出门又返回检查。（　　）

31. 站在沟边、楼顶、阳台上，有摇摇晃晃要掉下去的感觉。（　　）

32. 对他人的疾病非常敏感，经常打听，深怕自己也身患相同的病。（　　）

33. 对特定的事物、交通工具(如公共汽车)、尖状物及白色墙壁等稍微奇怪的东西有恐怖倾向。（　　）

34. 经常怀疑自己发育不良。（　　）

35. 一旦与异性见面就脸红心慌或想入非非。（　　）

36. 对某个异性伙伴的每一个细微行为都很注意。（　　）

37. 怀疑自己患了不治之症，反复看医书或去医院检查。（　　）

38. 经常无端头痛，并依赖止痛或镇静药。（　　）

39. 经常有离家出走或脱离集体的想法。（　　）

40. 感到内心痛苦无法解脱，只能自伤或自杀。（　　）

测评方法：

√得2分，△得1分，×得0分。

评价参考：

0~8分：心理非常健康，请你放心。

9~16分：大致还属于健康的范围，但应有所注意，可以找老师或同学聊聊，心情应保持愉快、乐观。

17~30分：你在心理方面有了一些障碍，应采取适当的方法进行调适，或找心理辅导老师帮助你。

31~40分：是黄牌警告，有可能患了某些心理疾病，应找专门的心理医生进行检查治疗。

41分以上：有较严重的心理障碍，应及时找专门的心理医生治疗。

参照以上答案，看看自己究竟是否存在程度不一的心理问题，如果有需要的，应该前往相关心理咨询中心进行治疗。心理问题可大可小，我们不应该忽视它，相反应该重视它。

第6章

别做逃避现实的胆小鬼：越是胆怯，越是恐惧

内向者对陌生的人和事物总存在未知的恐惧，其实，他们并非社交障碍者，只是在广阔的社交环境中经常感到精力不足，这并非是不可克服的障碍，而是可以巧妙规避的。学会调适内心的恐惧感，便会显得落落大方。

你为什么总是如此恐惧

　　恐惧，也就是惊慌害怕，惶惶不安。从心理学的角度而言，恐惧是一种有机体企图摆脱、逃避某种情景而无能为力的情绪体验。它主要表现为生物体生理组织剧烈收缩，身体能量急剧释放。通俗地说，恐惧是因受到威胁而产生，并伴随着逃避愿望的情绪反应。

　　早在一百多年前，著名的生物进化论学家达尔文发现，哺乳动物的恐惧表情与人类的恐惧表情几乎是一样的。

在恐惧的瞬间表现为："眉梢上扬、瞳孔扩大、眼光发直、嘴巴张大，无意识地惊声尖叫或呼吸暂停、憋气、脸色苍白、表情呆若木鸡。"

更大的恐惧之后，人们会伴有肌肉的紧张发硬、不由自主地震颤、毛发竖立、全身起鸡皮疙瘩、毛孔张开、冷汗直流。同时，内脏器官功能亢进、肾上腺素分泌、血压升高、思维变慢或停滞，这就是我们常说的"吓傻"了。一些身体较弱的人还会出现短暂的晕厥，其心理机制是对恐惧情景的一种快速逃避反应，晕过去了，什么都不知道了，恐惧感也就不存在了。

在正常情绪下，一个人的面部肌肉是松弛的。他可以凭借自己的情绪自由调动脸部的各部位肌肉，如微笑，嘴角上扬，眉头上扬；惊讶，嘴巴微张，瞳孔放大。但一旦这样的情绪过于激烈难以控制，如过分紧张，这时那种内心的惶惶不安就会显露在面部表情上，肌肉僵硬的情况也就出现了。

有时候，人们在恐惧之后还会出现选择性遗忘，这是对恐惧体验的一种无意识压抑，只有在催眠状态下才能唤起这之前对于恐惧的回忆。

那么，诱使人们内心产生恐惧的事物到底有哪些呢？

1. 怕生

对陌生的恐惧并不是只有孩子才会产生的心理，即便是一个成年人，在与陌生人接触的时候，他的心里也存在一定的恐惧心理，他会担心陌生人的欺骗，甚至害怕对方给自己带来不利。

打开
心门

人们的大多数恐惧情绪是后天获得的，恐惧反应的特点是对发生的威胁表现出高度的警觉。假如威胁一直存在，那么人们目光凝视含有危险的事物，随着危险的不断增加，就有可能产生不容易控制的惊慌状态，当恐惧感极其强烈时，还会出现激动不安、哭、笑、思维和行为失去控制，甚至出现休克的情况。在恐惧时，通常的生理反应是心跳猛烈、口渴、出汗和神经质发抖等。

2. 恐物

有的人会对特定的物品表现出恐惧，有的人对巨大的东西表现出恐惧，有的人却对老鼠这样小的动物产生恐惧。甚至，有的人在坐电梯时也会心生恐惧，他们会担心电梯在运行的过程中突然下降，或自己被困在电梯里，当然，这是一种对未来发生事情的担忧。

3. 突发事件

当我们经历或目睹某些突发事件时，会给我们的心理带来强烈的震动。这种恐惧往往是深刻而持久的，十分强烈的刺激感受甚至可以伴随我们一生。经历突发事件后，人们在一段时间内表现得非常胆小，睡眠中可能会突然惊醒，醒后依然紧张恐惧。

4. 对鬼神的恐惧

当我们在听别人讲一些神鬼妖怪的故事时，都会使我们产生恐惧。假如对方在讲鬼怪故事时加上表情动作的渲染，那我们会更加害怕。还有在恐怖电影中出现的恐怖镜头，比如，女巫、鬼怪、凶残画面和打打杀杀血淋淋的镜头，这些都会使人们产生恐惧心理。

内心胆怯，才会唯唯诺诺

唯唯诺诺是形容人很没有主见，心中没有主意，总是一味地顺从，恭顺听话的样子。然而，在我们身边的朋友、同事中，有的人就习惯用这样的态度说话。在他们嘴里好像从来不会说"不"，总是"好""是的"，面对别人的提问，他们都是只点头不摇头，似乎他凡事都听别人的。

其实，就日常交际来说，那些习惯于这种态度说话的人是不会受到大家欢迎的。或许，有人会觉得这样的人是很好的聊天对象，他从不反对自己的意见或想法，但是，如果你习惯于对着一个木偶说话，那么你应该知道跟这样的人交流是一件多么痛苦的事情。难道他们真的没有自己的主见吗？当然不是，每一个人都有自己的想法，他之所以说话唯唯诺诺是源于心中的胆怯。你可以经常观察那些说话唯唯诺诺的人，其实他们就是内心胆怯的人。

在他们身上总是残留着这样的影子：说话异常小心，害怕自己的言语会遭到对方的反对；不管你的装扮是多么离谱，但如果你要他来评论，他总是会说"我觉得这身挺好的"；从来不说自己的意见，100%认为对方的话就是正确的。虽然，我们讨厌那种凡事都要争个高下的人，但是，说话总是唯唯诺诺的人会更加令我们讨厌。因为和这样的人交流，总是让我们感觉很累，我们根本不知道他的真实想法是什么，所以也就不知道该怎么样和他交流。

大量事实证明，这样的人无论是在工作还是生活中，都将遇到很大的障碍，他们无法展现出自己的能力，换句话说，他们不敢展现自我。

虽然，上司喜欢下属服从自己的命令，但是下属一味地顺从自己的命令也会让上司感到厌烦。毕竟在很多时候，上司更希望自己的下属能够积极地发挥主观能动性，为自己出谋划策。假如只是唯唯诺诺地附和上司，即使发现上司的错也不说，这样就很容易造成不必要的损失。

那么，说话总是唯唯诺诺的人，他们内心的"恐惧点"在哪里呢？下面我们来一一分析。

1. 童年时期的阴影

有的孩子从小就接受父母"军事化"的教育，比如，从小就被父母打骂，无论做对做错都要挨打，必须无条件服从父母的管束。在长大之后，他就自觉地认为别人的话都是对的，自己想的都是错的，别人让他去做什么就去做什么。然而，他们潜意识里却不太相信别人，说话时时刻刻关注对方的眼神。因此，最终养成了说话唯唯诺诺的习惯，其内心的胆怯是源于童年时期的阴影。

打开
心门

　　那些说话唯唯诺诺的人就像是"装在套子里的人"，他们把自己包裹起来，让人们看不到其真实的面目，总是以一副永远顺从的样子出现在人们面前。即使谦虚是一种美德，但唯唯诺诺却并不是谦虚，只是呈现出了内心的胆怯，让对方觉得说话者太胆小，同时，也会给对方留下没个性、没主见的印象。

2. 对自己的不自信

大多数人说话总是唯唯诺诺，内心胆怯是源于对自己的不自信。他们内心其实并不愿附和，只是害怕自己做出这样的行为之后对方就会讨厌自己，所以，他想要讨好所有人，逼迫自己放弃想法，说出言不由衷的话，久而久之就养成了习惯。

3. 城府很深

有的人习惯于在上司面前说话唯唯诺诺的姿态，而且，他在同事面前也伪装成"老好人"，谁也不得罪，这样的人其实内心也胆怯，但其原因却在于害怕人们发现他心中不可告人的秘密，所以，他们需要戴着伪装面具而生活，这样的人有很深的城府，大有在忍耐之后作出一番大行为来，需要谨慎对待。

从第一次公开讲话开始克服你内心的恐惧

造成内向者当众不能有效说话的最大障碍是什么呢？胆怯，这也是大多数讲话者面对听众时首先遇到的最大障碍。在现实生活中，我们无法避免的事情就是每天与各式各样的人打交道。

社交就是展现一个人风采的重要方面，你可能会与重要人物交谈，当众表达你的观点，甚至还会出现在酒会、晚宴、谈判的场合。这时因为胆怯，人们总是选择退却，即便是鼓起勇气去了，却因表现失态，把整个场合搞得更尴尬。当再次需要当众讲话时，你又开始胆怯、心慌、全身发抖，时间长了，胆怯在一次次窘态中越来越嚣张，以至于你几乎丧失你所有的自信和勇气。

某一年在纽约举办了一场世界演讲学大会，在这个大会上有很多演讲学教授需要当众宣读自己的论文。当时，有一位教授担心自己的演讲得不到大家的认可，越想越恐惧，刚走上讲台，还没开始说话就晕倒在地了。本来在他后面一个发言的教授还在不断地练习演讲，一看到这种情况，心里感到一阵恐惧，额头上面出现大量的汗珠，他也在台上晕过去了。

在世界演讲学大会上出现两位教授因胆怯而晕倒，这确实是一件有趣的事情。其实，胆怯是每个人都有的一种心理现象，只是程度不同而已。不仅仅是内向者畏惧当众说话，就连很多所谓的大人物也是如此。因此，明白了这个道理，相信对内向者克服内心的胆怯是很有帮助的。

无疑，克服胆怯是当众说话的第一关卡。其实，有很多所谓的大人物最初当众讲话都会怯场的，但最终他们都无一例外地成了当众说话的高手。

比如，古罗马著名演讲家希斯洛第一次演讲就脸色发白、四肢颤抖；美国的雄辩家查理士初次登台时两个膝盖不停地抖；印度前总理英·甘地首次演讲不敢看听众，脸孔朝天。为什么最后会发生如此巨大的变化？唯一的理由就是他们克服了内心的胆怯。

克服胆怯是当众说话的第一关卡，对此我们应该想方设法克服内心的恐惧，勇敢地跨出当众说话的第一步。

1.心中有听众，眼里无听众

有一位老师初次登台讲课就很不错，有人问他秘诀，他说："我在备课时心中一直想着学生，可上了讲台，我眼中所见，就只有桌椅而已，这样我就不怯场了。"当众讲话有一个秘诀叫作"视而不见"，也就是在讲话前心中有听众，在讲话时眼里不能有听众，而是按照自己的意图进行语言表达，对下面的听众视而不见，这样可以消除你内心的恐惧感和紧张感。

打开
心门

　　美国的心理学家曾做过一个有趣的问卷调查，问题是："你最恐惧的是什么？"调查的结果令人大跌眼镜，"死亡"原本如此让人恐惧的事情却排在了第二，而"当众说话"却高居榜首。由此可见，在公众场合说话，感到恐惧和胆怯是一种很普遍的现象。

2. 抱着"无所谓"的态度

任何一个初次当众讲话的人都会有些胆怯，既然避免不了当众讲话的环节，为什么还要为此害怕呢？美国前总统罗斯福说过："每一个新手，常常都有一种心慌病。"其实，心慌并不是胆小，而是一种过度的精神刺激。任何人都不是天生就敢在公众场合自如讲话的，都有一个艰难的"第一次"。只要你抱着"无所谓"或者"豁出去"的心态，管他三七二十一，这样整个人也就放开了。

 开口微笑，缓解你内心的紧张

有人说戴安娜是微笑的专家，她用微笑征服了全世界。现在我们应该清楚为什么她会受到全世界男女老少的喜爱了，为什么有那么多不认识的人给她献花。这么多年过去，这个既不是政治家，又不是企业家，也不是艺术家的女人却被那么多人缅怀着。

如果你仔细地观察戴安娜的照片，你会发现她的每一张照片都是在微笑：牙齿露出，嘴角成一道弧线。她的眼睛里充满了笑意，充满了善意，如果说微笑是全世界共同的语言，在这里得到了进一步的印证。不需要任何人的翻译，不需要开口，所有的人都懂得她在说什么。

美国钢铁大王卡耐基说："微笑是一种神奇的电波，它会使别人在不知不觉中认可你。"

曾在一次盛大的宴会中，一位平日对卡耐基很有意见的商人在角落里大肆抨击卡耐基。当卡耐基站在人群中听到他高谈阔论的时候，他还不知道，这使得宴会主人非常尴尬，而卡耐基却安详地站在那里，脸上带着微笑。等到抨击他的人发现他的时候，那人感到非常难堪。卡耐基的脸上依然挂着笑容，他

走上前去亲热地跟那位商人握手。好像完全没有听见他讲自己的坏话一样。

后来，那位商人成了卡耐基的好朋友。

紧张感会导致思维混乱，甚至大脑短路，一个人之所以会紧张是因为尚未掌握正确调节心理的方法，这时你越是想镇静下来就越会紧张。其实你越想控制紧张，它就越会变成一种妖魔，反而会更加厉害。

而应付紧张感最好的方法就是微笑，放松你的下巴，抬起你的脸颊，张开你的嘴唇，向上翘起你的嘴角，用轻松的节奏对自己说"我很好"，这样给人的感觉很好，而且给人有能力的感觉，好像你真的放松下来。就这样，你内心的紧张感逐渐消失，随之而来的是满足、轻松的心理状态。在如此健康的状态下，你的当众讲话自然而然会发挥出应有的水平，吸引到大家的注意力。

雨果说："微笑是阳光，它能消除人们脸上的冬色。"对当众讲话来说，微笑不仅能够缓解内心的紧张感，而且还会化解观众内心对你的不解和抵触。微笑对观众的征服是自然而然的，既然它能兵不血刃地征服对手，更不用说征服你的听众了。

1. 对着镜子练习微笑

对着镜子练习微笑，你的眼睛可以看到标准的微笑形象，并在脑海中形成一个视觉的记忆，后面再微笑时，你的脑海中就会浮现出微笑的形象，从而帮助你加强记忆。

打开
心门

其实，微笑不仅仅是一个人最好的名片，而且也在某种程度上减少了我们内心的紧张感。尤其是在当众讲话的时候，如果你实在不知道说什么好，那即便是一个微笑，也能够很好地让人们感受到你内心的阳光与温暖。

2. 每天多次练习微笑

有人说每天需要练习一百遍的微笑，因为微笑是一种肌肉记忆训练，那些不喜欢笑的人，并非他内心不会笑，而是他的脸部肌肉长期不动，已经僵硬了。如果你每天练习比较少，那就难以形成肌肉记忆。所以，天天对着镜子练习，时间长了，脸上的笑肌发达了，就形成微笑肌肉的记忆了。

放松身体，先放松身体，心情才能放松下来

通常人们在紧张时会出现这样一些身体反应：面部僵硬、两腿哆嗦、全身发冷、手心出汗等。当然，具体到每一个人身上，反应也是有所不同的。对于这样的现象，我们能够想到的就是紧张感带来的身体反应，但事实上谁也没去追究深层次的原因，尽管神经紧张会反映到身体上，促使身体做出一些反应，不过容易被人们忽视的是，身体的紧绷往往会加重你内心的紧张感。这是为什么有的人在登台讲话时，可能开始只是不知道把手放在哪里，但后来脑子却是一片空白，完全忘记了自己需要讲些什么。因此，在当众讲话的时候，需要放松你的身体，因为肌肉紧张导致神经更紧张，从而给你带来某些心理障碍。

如果你还为此质疑肌肉的放松是否会真的缓解精神的紧张度，那你可以看看那些所谓的"心理放松操"，最典型的例子就是瑜伽。当你开始做瑜伽时，相信你听过最多的一句就是"放松全身，肌肉放松"。慢慢地，当你真的放松下来之后，你会发现心中真的是如水般宁静。所以，如果你当众讲话很紧张，不妨先放松全身，肌肉的放松会减轻你内心的紧张感。

打开
心门

　　当一个人的身体放松时，他的注意力就会集中在压力以外的事情上，从而排除现场压力带来的紧张感。放松身体可以给我们带来很多的益处：呼吸变缓，血压降低，头痛消失，情绪稳定，思维清晰，记忆力提高，紧张、忧虑感消失。

内心的紧张感通过身体上的放松而得到了缓解，这其实就是身体与心理有密切关系的原因。当我们内心情绪波动的时候，会逐一反映在身体行为上，反之，如果我们身体行为得到了收敛、放松，那心理障碍自然就被清除了。显而易见，这两者的作用是相互的。

若是心理紧张，我们应该如何通过身体放松来化解内心的紧张度呢？

1. 呼吸调节

呼吸的过程其实是胸腹部发生的各种变化，通过深呼吸来抚平内心的紧张。当一个人吸气时，胸腹部会微微鼓起；当一个人呼气时，胸腹部会微微收缩。你所需要做的就是调节呼吸，让呼吸变得平静，就好像睡觉一样。

2. 释放重量

稍微深一些吐气，让自己身体的重量全部释放在椅子上、墙壁上或者地板上。通过这样的方式会减轻你身体的重量，让你产生一种由于释放重量而导致的轻松感，这自然会减轻你内心的紧张感。

第7章

大方展示自己：害羞的内向者如何突破自我设限的不足

日常生活中，内向者总给人一种羞涩的印象。事实上，内向者并非是害羞，而是不喜欢表达自己罢了。当他们习惯于自设框架，束缚自己，自然而然也变得有点害羞。内向者，要大胆走出不好意思的怪圈，学会展现自我风采。

告别羞怯，内向者要学会大方待人接物

很多人都喜欢模仿别人，想让自己和其他人不一样，他们希望自己能够跟上潮流，或是让自己散发出明星般的魅力。不过，这种模仿好像并没有给自己带来成功或是快乐，相反会让自己感到焦虑、痛苦，而且这种焦虑、痛苦是和失败联系在一起的。卡耐基认为，对成功和快乐的渴望是人们模仿别人的出发点，不过事实已经证明这是一种十分不明智的做法。当任何一位因为模仿别人的人而感到苦恼的时候，应该相信这样一句话：做你自己，那是最快乐的，也是最好的。

对此，有人做过研究，实际上我们每个人都具备成为伟人的潜质，之所以没有成为伟人，是因为我们不过只用了10%的心智能力，而剩下的90%却一直不为我们所知。这其中最主要的原因就是人们不能保持自我，正确地认识自我，从而发挥自己的潜能。

内向者应该记住，保持自我是一件相当重要的事情。假如你做不到，那么你永远都不可能成为一个快乐的人，因为你总是活在别人的影子里。有心理学家说："保持自我这个问题几乎和人类的历史一样久远了，这是所有人的问题。"

打开
心门

内向者应该充分利用自己的天赋，因为所有的艺术都是一种自我的体现。你所唱的歌、跳的舞、画的画等，所有的都只能属于自己，而遗传基因、经验、环境等一切都造就了一个具备个性的自己。无论怎么样，内向者都应该好好管理自己这座小花园，应该为自己的生命演奏一曲最好的音乐。

其实，大多数精神、神经以及心理方面有问题的人，其潜在的致病原因往往都是不能保持自我。

女播音员玛丽·马克布莱德第一次走进电台的时候，也曾经试着模仿一位爱尔兰的播音明星，因为她当时很喜欢那位明星，并且很多人也非常喜欢那位明星，不过很遗憾，她的模仿失败了，因为她毕竟不是那位明星。面对失败，她深深地反思了自己，最后终于决定找回自己本来的样子。她在话筒旁边告诉所有的听众，自己是一位来自密苏里州的乡村姑娘，愿意以自己的淳朴、善良和真诚为大家送去欢乐。结果有目共睹，她现在根本不需要去模仿任何人，甚至还有很多人想要模仿她。每个人都是这个世界上唯一的、崭新的自我，你确实应该为此感到高兴，因为没有人能够代替你。

沉默，有时候并不是"金"

害羞的人都具有一种隐忍的性格：他们面对巨大的压力时，自己会默默地承受下来；往往有自己的想法，却埋在心里；受了委屈，也只好偷偷把眼泪往肚里咽。这是一种心理特点，影响着人们的生活和工作。在日常交际中，有时沉默不再是金，真实地说出自己的想法，是害羞的人走出自我的一个途径。当他不再沉默的时候，自然也是可以坦然说"不"的时候。

1. 有想法就要说出来

有的人习惯矜持地生活，遇到别人问他吃什么，他习惯回答"随便"。别人问他到哪里去玩，他的回答还是两个字"随便"。其实这时候，你应该说出自己心里的真实想法，或许在你的推荐下，大家都会尝到一顿美味的佳肴；或者在你的带领下，大家都会玩得很尽兴。大家会发现，原来你也有多姿多彩的一面。如果你总是习惯说"随便"，你自以为很随意，其实并非如此，你的"随便"让对方感觉有种负担，因为你没有把自己真实的想法表现出来，让他觉得可能没有照顾到你的心思。所以，应该学会大胆地说出真实的想法，这既会让对方感觉你很有主见，又不会亏待自己。

打开
心门

在某些时候，我们千万不要保持沉默，要抓住机会表露自己的想法，才有可能成功地把自己推销出去。如果你一直保持沉默，沉默就会把你埋没，你也没有更好的机会来推销自己了。

打开
心门

　　人们常常在与人交往的过程中，遇到与自己意见不同的情况，会由于各种原因而沉默。或是矜持，或是不好意思，或是不自信，或是不敢说。往往你的那一瞬间沉默会给别人一种错觉，认为你是默认的态度，他会以为你是认可他的。因此，如果你在这些问题上有什么好的建议，就要大胆地说出来，别人才能了解你的真实想法及能力。

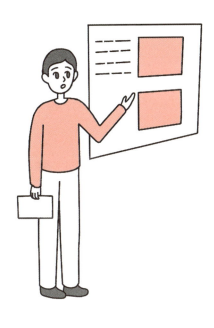

2. 沉默有时毫无价值

沉默在某些时候，是非常具有价值的，但不是每一次的沉默都有它的价值。所以，我们不要总是习惯性地把头深深地埋下，要昂首挺胸，敢于说出自己的心声。而你的某些独特魅力，也是通过说话表现出来的。如渊博的学识、有魅力的谈吐、优美的声线，通过说话可以彰显你思想的深度，还可以表露出你除了外表以外的内在吸引力。

3. 抓住每个机会展示自己

我们应该抓住生活中的每一个机会来表现自己，而说话无疑是最合适不过的一个机会。学会用语言来表达自己的意见和想法，让他人更加了解你，进而对你产生信赖，这是每一个害羞的人推销自己的最佳途径。

日常社交，要敢于打招呼

在每天的人际交往中，我们都在频繁地与人打招呼，打招呼表示一种问候，一种礼貌，一种热情。有时候，内向者遇到一个久未见面的熟人，或从来不曾见面的陌生人，就会不好意思打招呼，其实，这就是性格上的内向。相反，我们千万不要忽视了一个招呼的作用，一个小小的招呼就是我们人际交往中的润滑剂。

对同事的一个招呼，可以有效地化解彼此之间的敌意；对朋友的一个招呼，可以唤起双方之间深厚的友谊；对陌生人的一个招呼，可以减少彼此之间的陌生感。

总而言之，一个招呼可以使人与人之间的关系更加和谐和融洽。特别是我们在与陌生人的交往中，恰到好处的一个招呼是必不可少的。

请保持你的礼貌和热情，不管对上司，对你的朋友，还是对你的敌人。如果你能够奉行这一原则，就会在复杂的人际交往中获益匪浅。

有时候，一个看似不经意的招呼，会加深你在陌生人心中的印象，会增加陌生人对你的好感。你们之间的关系常常在这种不经意间变得更加密切，而对你赢得陌生人的友谊也有很大的帮助。

一句简单的问候，小小的招呼，也许会挽救一个人的生活。其实，礼貌和热情都是人际交往的润滑剂。也许一句真诚的问候就会感动他人，从而使我们得以绝处逢生。因此，我们面对周围的陌生人，尽可能地展现我们的礼貌和热情，主动打个招呼吧。

对于我们每个人来说，向一个陌生人打声招呼并不是一件困难的事情。这只需要我们在见面时互相问候一声"早上好""中午好""晚上好"，即便只是一个微笑、点头，那也是一个招呼。

社交的第一步在于打好招呼，打招呼有以下几点值得我们重视的作用。

1. 消除彼此的陌生感

也许，我们在初次见面第一次打招呼的时候，双方都会觉得有点不自然，彼此是陌生的，也不会有太多的感触。但是，当第二次在大街上碰到，你不经意喊出对方的名字，跟对方打招呼，对方就会有说不出来的亲切感。并且这种亲切感随着你们一天一天地打招呼、彼此寒暄会变得更加强烈，到最后你们再见面时，已经完全没有了疏离感，彼此已经不再陌生，甚至有可能会成为好朋友。其实，人与人之间的关系就是这样建立起来的，仅仅是一个招呼，它就足以让双方不再陌生。

打开
心门

有时候，我们并没有因为过多的礼节而挖空心思去与对方寒暄，只是打声招呼，就可以足以唤起对方心中的温暖。没有一个人会去拒绝温暖的微笑和热情的声音，这些不仅仅能够博得对方的好感，也会化解对方冰冷的心。

2. 拉近双方之间的距离

在我们的日常生活中，领导和下属打招呼，看似很少见的举动，可它正在悄悄地拉近上下级之间的距离。这时候，领导不再是高高在上，而是像朋友一样互相问候。领导与下属之间的关系是企业管理的核心，如果下属只是一味地惧怕你，那么，这样的企业就不能进行有效地管理与沟通。当领导与下属因为一声招呼、一句问候而成为朋友，他们之间就是一种平等的关系，当工作出现了问题，双方就可以互相讨论如何来解决。因此，领导者要想管理好一个企业，处理好上下级之间的关系，可以从打招呼做起。

羞于拒绝，你越无法拒绝

在日常工作和生活中，内向者经常会遇到一些烦恼的事：一个品行有问题的熟人缠住你，硬要你借钱给他，但你知道，如果借给他就是有去无回；一个熟悉的商人向你兜售物品，明知买下就要吃亏；有的至亲好友，从不轻易开口求人，万不得已，偶尔求你一次，若拒绝他们，轻则失望、伤心，重则大发雷霆；有的患难之友，曾经在你困难时给予帮助，如今有求于你，你心有余而力不足，但他不相信，指责你忘恩负义。这时，你应该怎么办呢？

你最应该清楚的是，自己并不是万能人才，也没有"呼风唤雨"的本事，那么应该拒绝的还是要拒绝，假如不好意思当场说"不"，轻易承诺了自己不愿、不应、不必履行的职责，事办不成，以后会更不好意思见人。

拒绝的话难说，不过要把拒绝的话说得好，更不容易。每个人都有一颗自尊心，当向他人求助时，或多或少都会有不安的心理。如果对于他人的求助，直接就说"不行"，势必会伤害他人的自尊心，引起他人的反感甚至愤恨，从而影响双方今后的交往。

打开
心门

内向者需记住，在人际交往中，没有勇气说"不"，你就会活得很被动。所以，当你不愿意时，就要勇敢地说"不"。但是，说"不"也是需要技巧的。假如技巧不好，很容易就破坏了彼此之间的和谐关系。

所以，当对方向你提出请求时，最好先向对方说一些关心或者同情的话，然后再试图说明自己无能为力的原因，这样既可以赢得对方的理解，使其知难而退，又不伤害对方的自尊心。

1. 提供其他的解决方法

当自己对别人的请求力不从心或确实很为难的时候，你可以为他建议几种解决问题的方法，给他提供一些参考和选择。如果你推荐的方式方法依然对他毫无作用，相信你的朋友也不会责怪你，毕竟你已经尽力帮他出谋划策了。当然，如果因此而成功了，你自然会成为他感激的对象。

2. 找个借口拒绝

有些事不好推辞时，借故说自己要去做事，也是一种推托的办法。如果你也遇到类似这样的情况，不妨试试借故推辞，只要对方足够聪明，肯定会明白你的意思。

3. 快速转移话题

对待他人的请求不一定非得用"是"和"不是"来回答，把问题本身放置一边就是拒绝的最好代名词。如果对方说："我们明天再到这个地方来游玩吧!""哦! 我想时间很紧，我们该回去了吧!"你的答非所问至少会让对方觉得你对这个提议很不感兴趣，一听就知道你不愿意答应他的请求。

4. 故意回避

对于一些实在很难开口的拒绝，我们除了可以采取借故推辞、转移话题的方式之外，还可以运用故意回避或曲解的方式向对方予以拒绝，此外，这种拒绝方式还适用于爱玩"花招"的人，可以使其有苦难言。

不惧改变，开启新生活

在这个世界上，并没有一成不变的事情，这个世界无时无刻都在发生着巨大的变化。但是，改变将会引起人们内心的恐惧，事实上，几乎所有的改变都会导致恐惧，不管是好的改变，还是坏的改变，都会唤起内向者内心的恐惧。

有人想结婚，但他马上会陷入恐慌，如果爱情无法天长地久怎么办？有人想换一份新的工作，但他马上会惶恐不安，如果自己不能胜任新工作怎么办？如果公司没办法兑现求职时的承诺怎么办？甚至，有的人想改变自己的发型，也会担忧不已，万一新发型看起来很糟糕怎么办？如果自己因此而变得不漂亮怎么办？似乎这是听起来很可笑的事情，但事实就是如此：改变常常令内向者感到局促不安。

王太太结婚那年，嫁给了一个地产大户，因为相中了对方的财势。第一次去他家，她看着旋转的大厅以及宽阔的大花园，心里觉得没什么好拒绝的。于是，婚事就这样答应了下来。

结婚后，王太太过着衣食无忧的阔太太生活，老公整天忙于工作，她无聊时就约上几个朋友打打麻将，或者飞到香港去购物。她常常会想：如果失去了这样的生活，自己该怎么办？

当然，王太太的担心并不是毫无理由的，最近，楼市跌得厉害，许多地产大户吃饭都成问题了。就好比经常与自己一起打麻将的张太太，去年房市低迷，他们硬是没熬过来，现在一家人挤在几十平米的出租房里。每次打电话，张太太就哭："这日子是没法过了。"

没想到，过了不久，这样的猜想成了事实。王先生投资失败，不仅血本无归，而且还欠了几十万元的债。王太太还没来得及看一眼后花园，就坐着一辆破旧的面包车走了。搬家后，他们租了一间房子，王先生的家人凑了钱还了债，王先生和王太太都开始了打工生活。

上班、煮饭、洗衣服、带孩子，这些事情，王太太连想都没想就都做了。原来，她发现自己的老公除了会赚钱以外，还会炒菜、煮饭，还会逗着孩子开心。以前他太忙，两个人几乎没好好地在一起生活，现在这样的日子挺好。王太太想起以前总害怕改变自己的生活，但是，真的变了，她却发现没什么不好，失去了物质上的富足，却找回了久违的家的温暖。

上帝在关上一扇门的同时，会为你打开另一扇窗。当我们过着熟悉生活的时候，总是害怕会被改变，但是，许多灾难、横祸是无法阻挡的，唯有可以改变的是我们的心态，以及我们内心的胆怯。不要在乎自己失去了什么，哪怕是工作、房子。无论我们的生活发生了怎样的巨变，我们都可以从头开始自己的人生，甚至，你会重新登上新的高度。

打开心门

　　有人说："生命开始于舒适地带的尽头。"无论改变本身带给我们怎样的不安心理，但是，我们必须记住：生活中的改变只是一个开始，而并不是一个结束。不要害怕改变，因为人生的乐趣就是接纳新的生活。

　　改变，本身带有一种破坏性，意味着你将打破以前固有的东西，而重新去接纳一种新的东西。几乎所有的改变都具有破坏性，即使是好的改变。但是，在生活中，很多事情都是需要改变的，那是不容拒绝的。或许，内向者的心里就是这样矛盾，不变让人厌烦至极，而改变却让人局促不安。通常情况下，那些熟悉的、不变的事情总会让内向者感到心安。

第8章

超越自卑：内向者要打开自信的阀门

　　内向者的自卑大概有两种，一是童年时期在跟他人的比较过程中，都不如人的深刻体验，再加上某些不太利于成长的环境，会促使他自卑；二是如果仅对自己的事情比较了解，而对别人的事情不了解，那也会妄自菲薄。

你为什么总是妄自菲薄

现代社会是一个开放和竞争的年代，人际交往越发频繁，在内向者的性格因素中，缺少自信，缺少对情绪的驾驭能力，而又时不时地还会感到自卑。对于这样的内向者，即使有再好的才华，恐怕也难获得广阔的施展空间。心理学教授说，自卑是一种消极的自我评价或自我意识，即个体认为自己在某些方面不如他人而产生的消极情感。自卑感就是个体把自己的能力、品质评价偏低的一种消极的自我意识。具有自卑感的内向者总认为自己事事不如人，自惭形秽，丧失信心，进而悲观失望，不思进取。

三毛是我国著名的作家，她小时候是一个非常勇敢而又聪明活泼的小女孩，她在12岁那年，以优异的成绩考取了台北最好的女子中学——台北省立第一女子中学。在初一时，三毛的学习成绩不错，到了初二，数学成绩一直滑坡，几次小考中最高分才得50分，导致三毛心里很自卑。

但聪明而又好强的三毛发现了一个考高分的窍门。她发现每次老师出小考题，都是从课本后面的习题中选出来的。于是三毛每次临考，都把后面的习题背过。因为三毛记忆力好，所以她能将那些习题背得滚瓜烂熟。这样，一连六次小考，三毛都得了100分。老师对此很怀疑，决定要单独测试一下三毛。

一天，老师将三毛叫进办公室，将一张准备好的数学卷子交给三毛，限她10分钟内完成。由于题目难度很大，三毛得了零分。老师对她很是不满。

接着，老师在全班同学面前羞辱了三毛。他拿起蘸着饱饱墨汁的毛笔，叫三毛立正，非常恶毒地说："你爱吃鸭蛋，老师给你两个大鸭蛋。"

他用毛笔在三毛眼眶四周涂了两个大圆圈。因为墨汁太多，它们流了下来，顺着三毛紧紧抿住的嘴唇，渗到她的嘴巴里。老师又让三毛转过身去面对全班同学，全班同学哄笑不止。

然而，老师并没有就此罢手，他又命令三毛到教室外面，在大楼的走廊里走一圈再回来，三毛不敢违背，只有一步一步艰难地将漫长的走廊走完。

这件事情使三毛丢了丑，她也没有及时调整过来。于是开始逃学，当父母鼓励她要正视现实，鼓起勇气再去学校时，她坚决地说"不"，并且自此开始休学在家。

少年时期的这段经历，影响了三毛一生，在她成长的过程中，甚至是在她长大成人之后，她的性格始终以脆弱、偏颇、执拗、情绪化为主导。这样的性格对于她的作家职业生涯可能没有太多的负面影响，但这严重影响了她人生的幸福。

打开
心门

对内向者而言，其实，战胜自卑并非难事，不要过于看重一次的失败与丢丑，不要因先天的缺陷而抬不起头，在生活中以平和的心态对待周围的人和事情，慢慢地，当你鼓起自信的风帆，划动奋斗的双桨，你一定会发现一个生气勃勃的你，一个潇洒自如的你，一个成功的你！

唐拉德·希尔顿曾说，许多人一事无成，就是因为他们低估了自己的能力，妄自菲薄，以至于缩小了自己的成就。

自卑是一种不能自助和软弱的复杂情感，有自卑心理的人，就如同披着海绵在雨中行走一样，包袱会越来越重，直至压得人喘不过气。

1. 自卑带来的坏处

自卑会让人心情低沉，郁郁寡欢，常因害怕别人瞧不起自己而不愿与别人交往，只想与人疏远，缺少朋友，甚至自疚、自责、自罪；他们做事缺乏信心，没有自信，优柔寡断，毫无竞争意识，享受不到成功的喜悦和欢乐，因而感到疲劳，心灰意冷。

2. 彻底摆脱自卑

被自卑感所控制，其精神生活将会受到严重的束缚，聪明才智和创造力也会因此受到影响而无法正常发挥作用。自卑是束缚创造力的一条绳索，是阻碍成功的绊脚石。种种这些消极的反应都表明，自卑的心理促使一个人在人生道路上常走向下坡路。

 **欣赏自己，你是独一无二的**

如果一个人太自卑，看自己哪里都是缺点，那么，他的内心是异常难受的，或许，每天的生活除了自卑就是自卑。子曰："不患人之不知己，而患人之不己知。"对于内向者来说，最担心的事情就是自己不够了解自己，更为关键的是，不懂得欣赏和肯定自己，因为有时候那些莫名其妙的怒火其实是源于内心的自卑。他们习惯对自己挑剔，总是觉得这里不满意，那点也不如意，诸如，身高不够高，身材不够性感，脸蛋不漂亮，家庭条件不够好，等等，这一切都可以成为他们自卑的理由。对此，心理专家建议我们要学会肯定并欣赏自己，千万不要自卑。

有一个衣衫不整、蓬头垢面的女孩，她长得很美，不过，总是表现得满脸怨气。有一天，一位心理学家惊讶地告诉她："孩子，你难道不知道你是一个非常漂亮、非常好的姑娘吗？""您说什么？"姑娘有些不相信地看着对方，美丽的大眼睛里有泪，更多的是惊喜。原来，在生活中，她每天所面对的都是同学的嘲笑、母亲的责骂，在这样的过程中，她已经失去了自信，而自卑则成为了她怨气的根源。

事实上，每个人都不是完美的，可能在我们的身上有一些可爱的缺陷，但是，无论是缺点还是优点，那都是我们自己，我们首先就应该接受并欣赏自己。即使在某一方面做不到绝对的完美，那又有什么关系呢？根本没有必要把它当作一个内心自卑的理由，否则，除了生气，我们没有别的时间和精力来做其他的事情。

1. 自己就是与众不同

索菲亚·罗兰说："我懂得我的外形和那些已经成名的女演员不一样，她们都相貌出众，五官端正，而我却不是这样，我的脸毛病很多，但这些毛病加在一起反而会更加有魅力，说实在的，我的脸确实与众不同，但是，我为什么要和别人一样呢？"索菲亚的自我欣赏与肯定并没有令大家失望，后来，她被誉为是世界上最具自然美的人。

2. 夸夸自己

无论自己有多么独特的缺点，都不要嫌弃它，我们需要以一种欣赏的眼光来看待，因为这个世界不需要大众化的美，而需要独特的美丽，在这一点上，每个人都应该相信自己拥有一份与众不同的美丽，请学会欣赏与肯定自己吧，不要总是觉得不好意思夸自己。

瑕不掩瑜，有不足也同样有潜力

命运总是喜欢捉弄人，翻开人类的成败史，我们经常会碰到一个个戏剧性的故事结局——在向同一个目标奋斗的过程中，一些处于顺境、条件便利的人往往是失败者，而一些身陷逆境、生有缺陷的人却往往是成功之神的宠儿。有些人之所以内向自卑，是因为他们身上有一些缺陷或不足，然而，我们更应该记住的一句话是：你有多少不足，就有多大的潜力。

果真如此吗？细细研究，我们就会发现，其实机会于二者是均等的，只是在"可能"与"不可能"的博弈对局中，前者志向不坚定，畏首畏尾、举棋不定，让本来优越的条件剑走偏锋，而后者则心"雄"志"壮"，矢志不移、化不利为有利，终于安坐成功的金銮殿。

很多时候，我们缺乏的正是这种犟劲，一种不畏任何阻挠和压力直冲云霄的站姿，一种不卑不亢将壮志之根牢牢扎进信念沃土的底气。身正影不曲，根深叶自茂，雄心加信念，一切都能成为现实！

虽然拥有雄心壮志不一定能成功，但没有它绝对不能成功。思想是行动的种子，想是做的前提。就像汽车只有有了燃料才能向前跑、火箭只有有了助推器才能登上太空一样，一个人只有有了雄心壮志，才能冲破一切"不可能"的樊篱，克服一切不利条件，甚至是自身的一些先天缺陷，一步步实现突破，迈向成功。

在加拿大历届领导人中，有一位享誉世界的"蝴蝶总理"。他就是加拿大第32届总理——让·克雷蒂安。可又有多少人知道这位杰出的领导人美丽称号背后的故事！

小时候的他，曾患有严重的口吃病。当别的孩子都能自由地表达、尽情地欢呼玩耍时，他却只能偎依在妈妈的身旁，听妈妈讲故事，用无声的言语和书中的人物交流，然后结结巴巴地向他唯一耐心的听众——妈妈，表达自己对书中人物的看法。

一次，他无意从书上读到一篇关于蛹一步步蜕变成蝴蝶的神奇历程的故事，这则故事让他深受触发，连一只弱小的蛹都能变成美丽的蝴蝶，自己又有什么事不可能呢？于是他向妈妈结巴着一字一顿地说道："……妈妈，有一天我也要化蛹成蝶……"妈妈被他直面嘲笑仍有此追求的伟大志向和坚强的信念感动地流下了泪，并鼓舞他："孩子，没有你做不到的事情……"

从此，小让·克雷蒂安在妈妈的指导和帮助下每天口含石子讲话，开始了刻苦的讲话训练。虽然很多次嘴角都磨出了血，但他仍坚信着成为一只蝴蝶的可能，丝毫不动摇做一个杰出人物的雄心。终于克服了先天的缺陷，练就了富有磁性的嗓音和流利的口语，并在后来的总理大选中，以绝对票数领先，实现了那个美丽的夙愿……

　　让·克雷蒂安并不是一个天才，甚至可以说是一个天生就有很多缺陷的"不正常"的人。对于大多数的普通人来说，由一个凡人跃升为总理，有几个人敢有这样的奢望、想法？而让·克雷蒂安靠着自己雄心壮志的支撑，走出先天缺陷的泥淖，化蛹成蝶，实现了凡人都不敢企及的梦想。在他驶向成功彼岸的航船上，载满了坚强、执着，也历尽了恶风恶浪、急流险滩，而正是相信"可能"的信念给了他一往无前的力量，让他恪守着雄心壮志，最终拥抱自己的梦想。

打开心门

　　贵在雄心，"只有想不到，没有做不到"，雄心壮志是潜能的挖掘机，更是行动的助推器。没有志向或是志向不坚定的人，是难以产生持久的奋斗动力的；胸有凌云志，无高不可攀，自会有一种坚忍不拔的毅力，一股"仗剑出长安"的侠气。

　　不要因为自身有缺陷、有不足，就对自己说"不可能"。邓亚萍虽然个矮臂短，不也能在世界乒坛上叱咤风云吗？

扬长避短，让兴趣引爆你的特长

上天赋予每个人不同的个性，上天也给了每个人不同的兴趣爱好，可是有些人偏偏忽略了这一点，盲目跟风、无目的地效仿，看到别人成为了钢琴家，自己也盲目地学钢琴，看到别人在画画上有所造诣，自己也去跟风，结果什么都是半途而废，最终以失败而告终。

还有一些人不够了解自己，这些人不知道自己的兴趣究竟是什么，自惭形秽、妄自菲薄，认为自己天生就是庸才，注定一生都要碌碌无为。其实，归根结底这些人真正的原因是没有找到自己的兴趣所在，没有很好地挖掘自身潜力，过于盲目、过于武断地判断自己的价值。然而，每个内向者都是一块金子，每个内向者都是一块尚待挖掘的宝藏，就看你是否具有一双慧眼，是否勤奋，能够发现、挖掘出自己的价值，让自己的人生耀眼夺目、与众不同。

心理学家德西在1971年做了这样一个实验：他召集了很多大学生在实验室里解有趣的智力难题。整个实验分为三个阶段，第一个阶段，所有的被试者都没有奖励；第二阶段，将被试者分为两组，实验组的被试者完成一个难题可得到一美元的报酬，而控制组的被试者与第一阶段相同，他们没有报酬；第三阶段，被列为休息时间，被试者可以在原地自由活动，并把他们是否继续去解题作为喜爱这项活动的程度指标。

结果，奖励组被试者在第二阶段表现得十分努力，但在第三阶段继续解题的人数很少，他们的兴趣与努力的程度在减弱。而没有奖励的被试者有更多人花更多的休息时间在继续解题，他们的兴趣与努力程度在增强。

经过这个实验，德西发现：在某些情况下，人们在外在报酬和内在报酬兼得的时候，不但不会增强工作动机，反而会降低其工作动机。一个人去做事的动机有两种：内部动机和外部动机。因内部动机去行动，他们觉得自己就是主人；相反，如果驱使他们的是外部动机，我们就会被外部因素所左右，并成为其奴隶。

不可否认，一个人在事业上取得的成就大小与兴趣是有很大关系的。如果你一直做自己喜欢做的事，你的内心便会充满愉悦与快乐。

所以，千万不要逼迫自己去做不喜欢的事，把握好自己的兴趣，在该做出选择时不要犹豫，将你的精力消耗在你喜欢的事情上，你不仅会拥有很大的动力，同时会让你爱上你所做的事，因为喜欢，你会感觉前方的道路水阔天高；因为喜欢，你会感到浑身倍感动力；因为喜欢，你会尽情地享受自由与快乐。也正因如此，你在做事时会觉得得心应手，事半功倍。

打开心门

从心理学的角度来说，当一个人做与自己兴趣有关的事情，从事自己所喜爱的职业时，他的心情是愉悦的，态度是积极的，而且他也很有可能在自己感兴趣的领域里发挥最大的才能，创造出最佳的成绩。

坚持自我，别太在意别人的想法

　　只要有人的地方就有是非，只要人家有嘴巴，就会有意见和批评，所以想快乐的人，就不要太在意别人的批评。一个没有主见的内向者，必定会被他人所摆布。

　　跟着他人的脚步走，有时候确实可以起到明哲保身的作用，然而，你的人生也将永远隶属于他人。如果只会跟着他人的指挥棒走，就会失去想像力、创造力和进取心，同时也会失去自我生存的能力。

　　没有了自我，一切的快乐都是虚伪的假象。即使人家批评你、否定你、攻击你，也不代表你的自我受到否定，唯一能否定你的人，只有你自己。

　　喜欢评头品足的人很多，你随时可能遇到讥笑和嘲讽，不要让它左右你，该干的就干，而且力争干得最好。别人说你不行不等于你就不行。能力可以培养，习惯可以改变，素质可以提高，成就可以创造。记住埃默森的话："信心是成功的首要秘诀"。你的将来肯定会比过去更强。

　　其实，每个人的命运都如同你握在你手中的小鸟，握在我们自己的手心。人的发展方向和生死成败，完全取决于我们的人生态度。只有积极进取，努力拼搏，才可能获得满意的结果。如果只是一味地等待机会，就如同躺在床上等待小鸟飞到你的手掌心，这样的话，伴随你的也只有一次次的失望甚至是绝望了。

内向者的许多不必要的烦恼，往往在于没有把握好心灵这杆秤，把重要的事情看得太轻，把不重要的事情又看得太重。如果内向者能善于对生活转化感受，把一些事情的意义、价值、利害在自我心理上做一种积极的转换，换一种角度去调整生活，享受生活，他就能比别人活得轻松快乐一些。当挫折与不幸来临时，他也能更快地从中解脱出来。

从前，有一位画家想画出一幅人人见了都喜欢的画。画完了，他拿到市场上去展出。画旁放了一支笔，并附上说明：每一位观赏者，如果认为此画有欠佳之笔，均可在画中做上记号。晚上，画家取回了画，发现整个画面都涂满了记号——没有一笔一画不被指责。画家十分不快，对这次尝试深感失望。

画家决定换一种方法去试试。他又摹了一张同样的画拿到市场展出。而这一次，他要求每位观赏者将其最为欣赏的妙笔都标上记号。当画家再取回画时，他发现画面又被涂遍了记号——一切曾被指责的笔画，如今却都换上了赞美的标记。

"哦！"画家不无感慨地说道，"我现在发现了一个奥妙，那就是：我们不管做什么事，只要使一部分人满意就够了；因为，在有些人看来是丑恶的东西，在另一些人眼里则恰恰是美好的。"

打开
心门

生活就是这样，你不能企求尽善尽美、人人满意。使一部分人满意就足够了，否则，你将可能无所适从。一旦寻求赞许成为一种需要，要做到实事求是几乎就不可能了。如果你感到非要受到夸奖不行，并常常做出这种表示，那就没人会与你坦诚相见。同样，你也不能明确地阐述自己在生活中的思想与感觉，你会为迎合他人的观点与喜好而放弃你的自我价值。

画家获得的结果明显地验证了一个事实，即成功人士不依赖于他人的批评或认可去追求自己的事业或奋斗目标。他们不顾社会压力，坚定不移地沿着自己的想法勇往直前；他们倾心于自己的挚爱，而不是投他人之所好；他们不会因一时一地的挫折而畏缩不前，也不会将差错归咎于别人，而是一心不屈不挠地追求事情的结果。所以，内向者，请做好你自己，不要时时企求他人的指引，用你自己的眼睛看人生的风景，它会分外美丽。

况且，大千世界，芸芸众生，天下何人不被说？每个人都少不了别人对自己的评头论足，这是人生现实，是一种避无可避的现象。喊出属于自己的声音，走出属于自己的道路，那就够了，何必非要人理解？只有弱者才把渴求理解看得比什么都重要，在不被理解的情况下痛苦得无法自拔，从表面上看，这是在寻求"理解"，而实质上却是在企求怜悯和同情。这样的人，他们终日沉浸在观察别人对自己的态度上，无精打采、忧心忡忡、碌碌无为，这样的人很难有属于自己的理想、自己的生活和自己的路，因而，他们也很难创造出属于自己的价值。

第9章

　　人要么庸俗，要么孤独。如果不想庸俗过一生，那就战胜孤独，在孤独中成就自我。孤独是与生俱来的内在，当你困难的时候，没有人会帮你，必须独自承受；当你获得成就的时候，很多人簇拥着你，但你却要淡化一切。孤独是思考，更是包容。

内向者享受孤独，在孤独中成为你自己

叔本华说："对于具有伟大心灵的人来说——他们都是人类的真正导师——不喜欢与他人频繁交往是一件很自然的事情，这和校长、教育家不会愿意与吵闹、喊叫的孩子们一齐游戏、玩耍是同一样的道理。这些人来到这个世上的任务就是引导人类跨越谬误的海洋，从而进入真理的福地。他们把人类从粗野和庸俗的黑暗深渊中拉上来，把他们提升至文明和教化的光明之中。"很多时候，独处是一种精神上的自由，至少在独处这段时间，没有谁会打扰到你，只是一个人静享一段时光。

纵观古今中外卓越的伟人，大部分都是孤独者，一个天才的灵魂之所以会回避这个社会，其最终目的也是洞察社会。一个真正卓越的人，必须要有一颗孤独、勤劳、谦虚的心，独乐其乐。没有其他人，他自己的评价就能够成为衡量的尺度，他自己的赞美就能够成为最丰盛的奖赏。

在英国有一种为已婚男性开的俱乐部，男性们可以离开家庭到那里去独处一个周末。这并不是他们已经厌烦了家庭，也不是他们想抛弃家庭。他们只是想找一个地方，有几个志趣相投的朋友，一起聊聊天，喝杯酒，甚至是发发牢骚，缓解一下心中的压力。

在心理学家看来，所谓"独处空间"，更多时候是一个概念。就像网络流行语"我想静静"，表达的是一种心理需求状态。这个空间它不局限于某个具体的位置，不一定是封闭的，它更多强调的是"不被打扰、就像回到单身状态"的特征。

一位作家说："大部分的独处，意味着一种自由，不需从众，可以自我。"她习惯很多事情都在家里做，用自己的方式在家里录音，或是写写歌词，或者擦地板，这里摸摸，那里弄弄，索性把家里全部整理一遍，最后人也累了。她自称自己每次写书的过程都很拖拉，出版社一直催稿，总是要等到某一天想写了，发狠把自己关在某个地方，一口气花两个星期把过去一整年想写的事情都写出来。

她的朋友却认为独处不只是个空间的命题，某个程度来说，纵使一个人走在人潮拥挤的大街上也是一种独处，这是精神上的。这个朋友很在意一种精神上的自由，他说"真正的自由是思想上的自由"，举个例子，在电车上看到一个非常令人讨厌的流浪汉，很脏又很丑，这是表象，但你可以透过想象去理解这个人，他过得很苦，生活得很不堪，也可能亲人刚过世……"我可以在面对一个人的时候，脑子里疯狂地编写这个人的故事。"这与事实未必有关，却让想象的摆置得以伸展。

她最后总结说："如果可以在脑子里建构一些真实，应该就算是思想上的自由吧。"

打开
心门

　　高尚的、人道的、慷慨的、正义的思想，不是群居所能赋予的，只能够通过孤独来得到升华。重要的并不在于与世隔绝，而是保持一种精神上的独立。即使身居于闹市之中，诗人们也依然可以是隐士。有灵感的地方就会有孤独。

　　为什么学者会坚守一种孤独与寂寞的状态呢？因为，只有孤独，他才能够清楚地了解自己的思想，如果他居住在僻静的地方，心劳日拙、向往人群、渴望炫耀，那他依然不够孤独，

因为他总怀念俗世。如此一来，目不明、耳不聪，因此也就无法静下心来去思考。但是如果珍爱灵魂，就应该斩断各种世俗的羁绊，养成独处的生活习惯，这样才能获得蓬勃的发展，如同林中葱茏的树木，一如田野绽放的野菊。

可以说，拉斐尔、安吉洛、德莱顿、司汤达都身居于人群之中，然而，在灵感闪烁的那一瞬间，人群便在他们的眼中暗淡消隐了。他们的目光投向那地平线，投向那茫茫的空间。他们将周围的旁观者忘却在了脑后，他们应对的，是抽象的问题与真理，他们在孤独地思考。

战胜孤独，在孤独中成就自我

　　一个人孤独一生，无妻无子甚至无母，过着孤独、忧郁和愤世嫉俗的生活。你觉得什么最可怕？孤独，孤独能让人窒息。因为孤独的时候，经常是最无助的时候。那种感觉就好像这个世界只剩下了自己一个人，自己被所有人抛弃了，内心的空虚感、寂寞感一起袭来，有时候甚至丧失了生活的勇气。孤独被看作最可怕的敌人，他们害怕自己会孤立无援，害怕只有自己一个人，因此心灵也会变得十分脆弱。

　　其实，孤独并不可怕，可怕的是当你面对孤独时放弃生活的希望。要学会战胜孤独，当孤独的痛苦笼罩你时，你就应该面对它、看着它，不要产生任何想要逃走的想法。因为，如果你选择逃走，你就永远也不会了解它，而它就躲在一角伺机而动，等着你的下一次孤独的到来。

　　我的一位朋友是一个孤独的妇人，她的丈夫在几年前去世，于是她陷入了无法自拔的悲痛中，开始卷入千万孤独大军的队伍中，她被孤独折磨得痛苦不堪，甚至想到了离开这个世界，最后，她想到了我，希望能从我这里获得一丝帮助。

　　我用上所有能想到的词来安慰她，告诉她虽然在中年失去自己的爱人是一件非常痛苦的事情，但是，随着时间的推移，一切都可以重新开始，她完全可以拾起自己新的幸福。可是，她似乎对我的劝说毫不理会，依然绝望地说："这一切都不可能了！我还会有什么幸福吗？不，根本没有！我的丈夫离开了我，我也不再有年轻的容貌，如今孩子们也都已经长大成人了，我还有什么希望呢？"

其实，孤独是一种常见的心理状态。孤独感是人们在思想上、行为上的体现。人们经常说的孤独其实包含了两种情况：一种是由于客观条件的制约所引起的孤独，他们由于种种原因不得不长期远离"人群"，而以一个人或者是一群人独立起来，比如，远离城市到边疆哨所站岗的士兵们，长期坚持在高山气象观测站工作的科技工作者，长期为了工作而四处航行的海员等，这样的孤独是一种有形的孤独，因为他们远离亲人朋友，在工作之余没有与更多的人相互交往的机会，没有丰富多彩的精神生活，不免有时感到寂寞，感到孤独。一种是身处人群之中，但内心世界却与生活格格不入而造成的"无形"的孤独。

人的孤独更多的是来自内心深处的寂寞，因为感情，或是因为生存境遇的突然变化，使得他们内心无法承受。孤独的人因其受内心的折磨，精神也会受到长时间的压抑，不仅导致自己的心理失去平衡，还会影响自己的智力和才能的发挥，引起人心理上、思想上的坍塌，产生情绪低沉精神萎靡，并且失去事业的进取心和对生活的信心。

打开
心门

由于内心世界与人们生活有距离所造成的孤独感，是非常可怕的。面对孤独，要学会战胜孤独，才能在自己的事业上取得成就，才能扬起生活的风帆。无论是因为人生境遇，还是因为自己的感情失意，人的孤独感在无形中已经成为人们通往正常工作和生活的阻碍。

很多有孤独感的人，并不是自己愿意孤身独守。而是他们在人生的旅途中遭遇了坎坷，陷入无边的孤独和痛苦中，不可自拔；或者得不到别人的理解，也不愿意去理解别人，于是选择洁身自好；有的是看不起自己，不相信自己，有一种深深的自卑感。于是，他们在面对孤独的时候，甚至没有抗争，就束手就擒。所以，他们陷入没有边际的痛苦中，与孤独为伴。而有的人是因为内心世界的封闭使他们无法通过感情交流来建立真正的友谊，友谊的缺乏使现代人陷入一种强烈的孤独感。有的人这样来描述自己的感受："在这个世界，我感到孤独、嫉妒、愤怒、紧张。"

潇洒于世，孤独是一种常态

　　说到"世俗"，就连那些目不识丁的老太太顷刻间也会心领神会。"世俗"到底是什么？举个很简单的例子，如果你想问题、做事情以及处理大大小小的细节方面都会按照别人同样的想法思考问题，那么，你就世俗了。当然，对待世俗，每个人都有自由的权利。任何一个人都可以选择世俗，也可以选择超凡脱俗。显然，"世俗"确实是存在的，但是，人们在谈到它的时候，难免会皱眉，这个词儿毕竟是贬义大于褒义。作为社会中的一份子，如何对待世俗，才能获得身心轻松呢？

　　对世俗，我们应该了解，应该接受。你需要明白，哪些是世俗的，并且接纳它们。当然，你也可以选择与屈原一样，不与世俗同流合污，遗世而独立。但是，我们却不能成为屈原，当别人都在骂我们是疯子的时候，你不会有勇气像屈原说出"举世皆醉我独醒"的疯话来。

　　陶渊明曾写了这样一首诗："少无适俗韵，性本爱丘山。误落尘网中，一去三十年。羁鸟恋旧林，池鱼思故渊。开荒南野际，守拙归园田。方宅十余亩，草屋八九间。榆柳荫后檐，桃李罗堂前。暧暧远人村，依依墟里烟。狗吠深巷中，鸡鸣桑树巅。户庭无尘来，虚室有余闲。久在樊笼里，复得返自然。"

在封建社会，多少读书人不过都是为了求得一官半职而寒窗苦读十载，但陶渊明却竟然不愿意为五斗米折腰而愤怒辞官归隐。他两袖清风，一气之下愤然辞官，如此的高风亮节确实让人拍案叫绝。

官场黑暗，陶渊明承认与世俗无缘，愤然辞官归隐。当然，做出这样超凡脱俗的举动是不为世人深刻理解的，代价也是很大的，尽管如此，对于他们的胆识和傲骨后人仍旧由衷地佩服。作为现代社会的我们，早已经成为社会中的一份子，夹杂在各种各样的关系中，我们不可能脱离社会而独立存在。或许，我们做不到无缘世俗，但却可以做到"不逢迎世俗"。

在历史上，有很多世俗到了极点的人，正因为他们将"世俗"的手腕耍弄得太过分了，反而走向了另外一个极端，逐渐地，从世俗走向了卑鄙、无耻、市侩。比如，一千多年前的秦桧，他就是世俗过了，为了一己之私而不择手段地做出卑鄙之事：假传圣旨宣岳飞收兵回府，将岳飞父子以"莫须有"的罪名杀害于风波亭。因过度世俗，秦桧成为了历史上卑鄙无耻之徒的"典范"。

张爱玲曾在《天才梦》中说："……直到现在，我仍然爱看《聊斋志异》与俗气的巴黎时装报告……"似乎，她这个女人确实俗透了，但是，仔细端详，发现她的世俗却又是别具一格的。生活中，没有一个人能真正地做到超凡脱俗，我们不过都是一介凡夫俗子，又怎会脱离世俗而存在呢？

打开
心门

我们需要了解世俗、接受世俗，不过，并不逢迎世俗。简单地说，我们可以很好地融入世俗的社会，但是，自己却不要成为一个世俗的人，所谓"出淤泥而不染"，说的就是如此。对世俗，我们要多了解，主动接纳，但是，对于世俗的人和事，不要曲意奉承，而是努力做好自己。

伟大的成就都来自孤独的坚守

一位成功者经历了三次重大的危机均化险为夷，屹立不倒，对此，有人问他"令自己转危为安的灵感来自何处？"他说："林中独步。"孤独的思考，形成一种通盘布局的判断力也是确保你的奋斗能够成功的必备条件。真正优秀的人一定觉得自己是孤独的，他们也清醒地认识到自己的优秀来源于一份孤独。

在这个世界，没有任何一个人能随随便便成功，因为罗马城也不是一天就建成的。看起来是一步登天的奇迹，以及一蹴而就的成功，但也是经历了上百次的尝试，才铸就了这样短暂的光辉。俗话说："台上一分钟，台下十年功。"有可能在台上表演的时间往往只有短短的一分钟，但为了台上这一分钟的表演时间，许多人却要为此付出十年的孤独努力，甚至需要煎熬更长的时间。

成功不是一朝一夕获得的，是靠每一天的艰苦付出收获来的。做每一件事就好像建罗马城一样，要想把它建成、建好，你就必须付出超乎常人的代价和心血。我们应该记住，通往成功的道路从来都不会是一条风和日丽的坦途，人生必须渡过逆流才能走向更高的层次，最重要的是在这个过程中学会孤独，蓄积待发，最终走向成功。

很久很久以前，有一个养蚌人，他想培育出一颗世界上最大最美的珍珠。于是，他去海边的沙滩上挑选沙粒，并且一颗一颗地询问它们："愿不愿意变成珍珠？"那些被问到的沙粒，一颗颗都摇头说："不愿意"。

就这样，养蚌人从清晨问到黄昏，得到的都是同样的一句话："不愿意。"无数次地听到了这样的答案，养蚌人快要绝望了。

就在这时，有一颗沙粒答应他了，因为它的梦想就是成为一颗珍珠。旁边的沙粒都嘲笑它："你真傻，去蚌壳里住，远离亲人和朋友，见不到阳光雨露，明月清风，甚至还缺少空气，只能与黑暗、潮湿、寒冷、孤寂为伍，不值得！"但是，那颗沙粒还是无怨无悔地跟着养蚌人走了。

斗转星移，多年过去了，那颗沙粒已经成为一颗晶莹剔透、价值连城的珍珠，而曾经嘲笑它的那些伙伴，却依然是沙滩上平凡的沙粒，有的已经分化为了尘埃。

一个人成功的过程就无异于一颗沙粒变成珍珠的过程，在这个过程中，你需要经历痛苦与枯燥，而且你必须等待着，忍耐着，孤独着，当你走完黑暗与苦难的隧道之后，你会惊喜地发现，原来平凡如同沙粒的你，在不知不觉间已经成为一颗璀璨的珍珠。

打开
心门

在更多的时候，你为成就自己而经历的孤独与收获是成正比的。在这样的孤独中你会经历耐力与坚韧的考验，并会从中学会一些改善自己的思维与行事技巧的方法。许多东西需要在孤独时面对，在孤独中成就。相反，如果你根本无法学会孤独，只想坐等成功，那是根本不可能的，你终究等来的会是一场空。

一个人若是不付出，不努力，就梦想着成功，那根本就是做白日梦，时间不会给予你任何东西，只会给你的人生留下一段空白。生活就是这样，你需要付出，才能有所收获，而这样的付出是不间断的，一旦你放弃，那你即将获得的成功也会随之消失。

忍住那些孤独时刻，你终能成就自己

常言道："小不忍则乱大谋。"在成功之前，我们往往需要忍受常人不知的寂寞和孤独。无论是谁，在人生中都难免会深陷逆境，却一时又无力扭转面临的逆境，那么最好的选择就是暂时忍耐，因为事情总是在不断变化，一旦有利的时机到来，那成功就是指日可待了。所谓"忍一时风平浪静，退一步海阔天空"，学会在忍耐中等待命运转折的时机。

大凡成大事者，必定能忍得一时之辱，容得一时之孤独。忍耐是一种品质，一种精神，更是一种成熟，一种理智，因为忍耐，在磨难挫折面前坦言豁达而不灰心丧气，它似乎可以给人生一种奋进的力量，在布满荆棘的道路上，在变化莫测的航行中，忍耐给予的生命光芒在信念中闪烁。

当然，等待并不是坐在那里默默地忍受一切，而是从心理上接纳所面临的事情。当生活中的挫折与困难迎面而来的时候，暂且不去做判断，无论遇到多么大的事情，最好暂时忍耐一下，也许到了下一刻钟事情就会有所转机，或许就会有解决问题的办法。

韩信是淮阴人，还未成名的时候，他只是一个平民百姓，贫穷，没有好品行，不能够被推选去做官，又不能做买卖维持生活，经常寄居在别人家里吃闲饭，人们大多厌恶他。

有一次，淮阴屠户中有个年轻人侮辱韩信说："你虽然长得高大，喜欢带刀佩剑，其实是个胆小鬼罢了。"又当众侮辱他说："你要不怕死，就拿剑刺我；如果怕死，就从我胯下爬过去。"于是，韩信自信地打量了他一番，低下身去，趴在地上，从他的胯下爬了过去。满街的人看见了，都嘲笑韩信，认为他胆小。

后来，韩信先是跟随项羽，后追随刘邦，成为刘邦麾下的杰出大将，即时再回忆之前的胯下之辱，那不过是忍辱负重，这样才有了后来功成名就的韩信。

孤独是一种崇高的人生境界，古人曾作的"百忍歌"中有这样的句子"忍得淡泊养精神，忍得勤劳可余积，忍得语言免事非，忍得争斗消仇冤"。孤独不是软弱，反而是一种包容。孤独也并不是妥协，而是一种胜利。在生活中，学会审视一下自己，根本没有理由对周围的一切都那么苛刻，要学会忍耐孤独，这样会让生活变得更加轻松。

自我审视

　　或许，别人都耻笑韩信懦弱，但韩信本人却不以为耻。事实上，当时，韩信绝不是不敢刺他，而是因为韩信胸怀大志，不愿与小人多生是非，如果一剑将那个屠夫刺死了，自己难以逃脱。因此，他甘受胯下之辱，他知道"小不忍则乱大谋"的道理，暂时忍受寂寞、饮尽孤独，等待一个可以施展自己一身才华的机会来临。

第10章

容易被激怒：内向者如何走出自生自气的怪圈

　　内向者因性格较为封闭的原因，经常导致他们喜欢自生自气，陷入愤怒的怪圈。事实上，很多时候，完全没有必要以别人的错误来惩罚自己，适时放宽心，调整心态，走出"内向者容易生气"的魔咒。

脆弱的内向者，总是容易被激怒

赛捏卡说："愤怒犹如坠物，将破碎与它所坠落之处。"容易被激怒是人的一种比较卑贱的素质，而能够受它摆布的往往是那些生活中的弱者，也就是那些内心脆弱的内向者，比如，儿童、妇女、老人、病人，等等。

在现实生活中我们也常常会看到类似的场面：孩子因为一点点事情没有顺着他的意，他就有可能会坐在地上或者直接躺在地上，他已经被激怒了；女人因为家中的琐碎小事，就大吵大闹，闹得不可开交；老人发怒的时候，几乎是用颤抖的手指着儿子说："你这个不孝子！"；那些身患重病或者被告知患了绝症的人，他们会在医院里处处与医生护士作对，只要稍不如意，就摔东西，大喊大叫。

对于那些内心脆弱的内向者来说，似乎更需要一张保护自己的网，在这样的心理状态下，怒火成为了他们最常用的一张"网"，或许，他们会觉得，只要自己生气了，就可以占据主动，可以给那些看不起自己的人以迎头痛击。所以，怒火常常容易出现在他们最脆弱的时候，一旦他们被激怒，由于内心的脆弱，他们会努力在愤怒的同时给对方以蔑视，因为他们不想在愤怒中表现得畏惧，不想暴露内心的脆弱，同时，也是为了避免自己受伤害。当他们在精神上保持自制，那么，相对于其他人来说，自己就占有了一定的优势。

那么，你是不是一个容易生气的人呢？我们可以做一个小测验，看看自己内心是否也藏着看不见的脆弱呢？

下面几种自然界的水，你会比较喜欢哪一种呢？

A. 惊涛骇浪般拍打着岸边的水

B. 一望无际，平静辽阔的水

C. 从高处骤然落下的瀑布的水

D. 急流险滩，强劲奔腾的水

E. 顺着地形起伏，涓涓细流的水

结果分析：

A：你是一个心里有话就藏不住的人，性格直接且单纯，容易被激怒，常常耐不住冲动诉诸武力。不过，你的坏脾气来得快，去得也快，熟悉你的朋友会知道如何与你相处，但是，陌生的朋友会有可能对你退避三舍。

B：修养较好，包容力强，平时不随便发脾气，遇到不公平的待遇，通常会一笑了之，似乎对方的怒火反而会满足自己本身的优越感。虽然，不会轻易地生气，但是，遇到自己不喜欢的人，还是会渐渐疏远他，不过，对方会很少感觉到你的敌意。

C：不随便生气，可一旦生气就会天翻地覆，常常让人感到莫名其妙。在平时生活中，你习惯将那些不满的情绪压抑在内心，很少向人说起，也没有合理的途径发泄出去。这样一来，情绪积压久了，性格就变得十分暴躁，遇到不如意的事情，怒火就有可能被引燃，甚至，爆发得莫名其妙，歇斯底里。

D：性格阴沉，不随便生气，但是，并不代表你脾气好，在大多数的时候，是遇到不如意的事情隐忍不发，却暗自记在心中。对生气也是计划很久，故意让对方犯错，你再来细数对方的罪状，对方百口莫辩，令人感到不寒而栗。

E. 你是个很重视朋友的人，很容易因为小事情就伤心难过，无法释怀。你发脾气时，不敢正面跟人冲突，往往挑些不相干的小事来责难对方，像个长不大的小孩。

这样看来，似乎有三种人容易被激怒：第一，是那些内心十分敏感的内向者，他们的神经太脆弱，一点点小事就可以刺激到他们。脆弱敏感的内向者很容易被激怒，即使有的事情在别人看来是微不足道的，但却总能引起他们心中的怒火；第二，是那些自认为被轻视的人，他们的内心也是相当的脆弱，对他们来说，来自别人的轻视会令自己怒火中烧，所造成的后果将与伤害同等程度，甚至是有过之而无不及，因此，轻蔑肯定会激怒他们心中的怒火；第三，是自认为名誉受到伤害的人，内心脆弱的内向者，他们最担心的就是害怕自己名誉受到伤害，名誉受损，对他们来说，确实心中愤怒。

打开心门

　　要防止那些内心脆弱的人发怒、生气，我们可以借鉴以下两种方法：第一，在谈一件令他愤怒的事情之前，我们要选择恰当的时机，给对方良好的印象；第二，设法消除对方因受轻视而感到被侮辱的心结，我们可以将这种伤害归为误解、恐慌、激动，或许我们还能找到其他的原因，尽可能顾及对方脆弱的心理。

　　一个人在愤怒时要忍住内心的怒火，以免给自己带来一些不必要的麻烦，不应该恶语伤人，尤其是针对具体的人和事的时候，另外，在愤怒时千万不要揭人伤疤，这样会更令人不可容忍；无论自己在情绪上如何生气，在行动上千万不要做出太偏激的事情来。当然，最有效的克制怒火的方法，是不断充实自己的内心，使自己不再脆弱，这样，我们就不会经常被怒火包围了。

内心平静，别轻易动气

在酷热炎暑之时，白居易拜访得道高僧恒寂禅师，却见禅师安静地坐在密闭如蒸笼的禅房内，并不像其他人那样汗如雨下。对此，白居易很受震撼，作诗曰："人人避暑走如狂，独有禅师不出房；非是禅房无热到，为人心静身即凉。"禅师的心境已经变得如水一样的平静，无论面对酷暑，还是不如意的事情，他都安静地坐着，任何怒火似乎都影响不到他，这才是真正虚怀若谷的境界。

古人曰："无故加之而不怒，猝然临之而不惊。"在生活中，无论我们遭遇了怎样的指责和非难，我们都应该随时保持心理上的平静，经得住怒火的挑衅，任何事情总会显露出它本来真实的面目，我们所需要做的就是等待。

从前，有位老禅师，一天晚上，禅师在院子里散步，突然发现墙角边上有一张椅子，他一看就知道有出家人违反寺规越墙出去玩了，老禅师没有声张，而是走到墙边，移开了椅子，就地而蹲。没多久，果真有一个小和尚翻墙而入，黑暗中踩着老禅师的背脊跳进了院子里。小和尚双脚着地的时候，才发觉刚才自己踏的不是椅子，而是自己的师傅。

顿时，小和尚惊慌失措，张口结舌，但是，出乎意料的是，老禅师并没有生气，也没有严厉责备他，而是以平静的语调说："夜深天凉，快去多穿一件衣服。"小和尚战战兢兢地走了，后来，他再也没有违反寺规越墙出去闲逛了，在老禅师的细心教导下，他也成为了一位得道高僧。

在老禅师无声的教育中，小和尚没有被惩罚，而是被教育了。由此可见，老禅师所悟的是禅，但修的更是"心"啊！面对他人有意或无意之间所造成的错误，如果我们心中充满了怒气，心中惊涛骇浪，甚至，希望别人能遭遇不幸或惩罚，在这样一个过程中，我们已经失去了平日那种轻松的心境和快乐的情绪。学会修炼自己的内心，让它变得像水面一样清澈平静，即使向里面投进了一颗大石头，也不会激起半点波纹，因为每个人的心都是一片海，我们所能做的就是努力克制自己的情绪，争做情绪的主人。

一位老妇人说："这50年来，每当丈夫做错了事情，气得我直跳脚的时候，我马上提醒自己：算他运气好吧，他犯的是我可以原谅的那10条错误当中的一个。"如水一样平静的心境不仅能为我们带来美满幸福的婚姻，而且可以宽慰自己的内心。这样一来，幸福、快乐的生活离我们还会远吗？

打开
心门

　　时间过去，怒火也平息了，好似从来不曾发生过什么一样。在我们身边，经常会发生这样或那样的误会，有时候就是小事一桩，时间长了我们也就忘记了，何必一定要让波涛汹涌打破平静的水面呢？

 **凡事放宽心，别自生自气**

俗话说："万气自生。"气是什么？它是一种情绪反应，内向者心里的"怨气"往往是自生的，并不需要我们自己决定是否该生气。有位朋友常常不解地诉说自己的困惑："昨天晚上又和他生气了，本来只是一件小事，但是，后来却造成不好的后果，直到睡觉前，我眼中还有泪，可是，今天早上一起床，我就感到很迷惑，怎么昨晚后来就吵起来了呢？我根本没有想过要生气啊，怎么就生气了呢？"在很多时候，愤怒情绪的发泄，已经让我们忘记了生气真正的导火索是什么，好像我们在生气时根本没有想过这个问题。直到生气完毕之后，我们才意识到，当初是为什么生气呢？所以，在任何时候，我们需要理解"万气自生"，学会清理自己生气的导火索，这样才会帮助我们抑制内心的怒火。

其实，在大多数情况下，当我们无意中说："当时生气真的是因为一件小事，我也想不起来为什么生气。"事实上，那所谓的"一件小事"不过是导火索，在这之前，我们心中可能郁积了一些气，在这样的情况下，一旦遭遇了导火索，怒气便一下子发泄出来。

　　心理学家有这样一个秘诀，当一件对自己具有副作用的事情来临，你可以思考一些问题，以此帮助找到生气的导火索，消灭心中的怒火。

　　也就是说，在你生气之前，需要先问自己下面12个问题，来帮助自己冷静下来，进行思考。

　　1. 我有改变的余地吗？

　　2. 我改变它的消耗与能够换来的成比例吗？

　　3. 我放弃和容忍的损失具体是什么？

　　4. 如果损失的可以折算成金钱的利益，我会那么需要和依赖这些钱财吗？

　　5. 如果损失的是增加得分的名声，我会那么需要和依赖这些名声吗？这些增加的名声最终解决了我的什么？

　　6. 如果损失的是减少得分的名声，有多少人关注这件事，自己不计较是否天下本就没人在意？

　　7. 即使事关气节，若干年后公论不能回来吗？

　　8. 更多的时候，我们的情绪是否来自最亲近的人和最琐碎的事？

　　9. 除了跟最能接受自己的人发泄，我们还有什么能耐？

　　10. 除了这些最不值得关注的琐事，难道我们没有更有意义的事情去关注、思考、努力吗？

　　11. 长城还在，秦始皇在哪里？

　　12. 苏格拉底死了，他大概在笑话我们活着的莫名其妙忧郁的人吧？

　　一个胸中怀有宏大志向的人，是不应该过于被琐事纠缠的，在这个世界上，本来就没有多少事情值得我们去计较。在现实生活中，绝大多数的事情都是"不过如此"，有什么值得生气的呢？从一个人的内心来讲，是不太愿意忧郁、烦恼、生气，更不愿意愤怒，当然，谁都不愿意生气？到底是什么事情在困扰着我们呢？如果我们内心真正地想清楚了，想放下心中的怨气，其实并不困难，生气是没有必要的。

　　当你明白了自己生气的导火索，你会发现，那真的不是什么大事，是可以解决的，生气只不过是一种发泄，并不会帮助我们解决问题，我们所需要做的是将生气的时间和精力，更好地运用到如何解决问题这件事情上。

　　一位常常生气的人回忆自己生气的过程："早晨，他就上班去了，我一个人在家，时而想想过去他的事情，想想横亘在我们之间那些悬而未决的事情，越想越生气，忍不住就会发一条挑衅的短信给他，他通常都是不回我信息，保持沉默。可是，他越是沉默，我就越生气，我那时就开始想象，晚上和他争论的场景。只要他一回来，我的每一句话，每一个动作就散发着浓重的火药味。对此，他常常告诉我，是我自己整天胡思乱想，自己生气，后来，我仔细回想，的确，似乎那些'怨气'就是自然而然在我心中滋生的，等到我发觉的时候，我已经在生气了。"

打开
心门

在日常生活中，我们需要养成经常记录自己情绪的习惯，每天我们要分几个时段来记录，并且要写下生气的理由，这样可以帮助自己察觉并检测到自己的情绪。如果说"生气"是自己生活中的常客，我们可以找出自己的"情绪温度计"，与心中的怒气来一场"心灵对话"，从而彻底地消灭怒气。

想必这样一个生气的过程会给我们自己的情况带来一些启示吧，每个人生气的具体情况不一样，但是，他们那种"气由心生"的过程却是惊人地相似。如果你现在开始探秘自己生气的导火索，你会惊讶地发现，那些所谓的怒火，其实纯粹是"自燃"。

犯错很正常，内向者别过分苛责自己

俗话说："金无足赤，人无完人。"在这个世界上没有完美的东西，任何事物总有它的长处和短处。每个人都有自己失误的时候，谁也不敢保证自己就是永远的成功者；每个人都有这样或那样的缺陷，谁也不敢保证自己是最完美的。对此，很多内向者忍受不了自己的错误，习惯于拿着放大镜来审视自己的错误，从而陷入深深的自责中，不可自拔，甚至不能原谅自己。

事实上，每个人都会犯错，犯了错误没什么大不了，要敢于正视自己的错误并且改正错误，不能自己生自己的气。

既然错误已经存在，我们需要做的是如何来弥补错误，完善自己，以免再犯类似的错误。一些爱生气的人往往是完美主义者，他们不能够容忍自己的错误，从而导致内心的烦恼、不满情绪滋生不断。其实，这根本是没有必要的，不要用"成功者"的语言来标榜自己，我们首先要承认自己不过是一个普通人，既然避免不了错误，就要尝试着接受犯错的自己，学会原谅自己，不要纠结在自责中，平复内心的情绪，懂得知错就改，这样，我们才能成为尽善尽美的人。

人与人之间为什么会有永远的伤害呢？其实，这大部分都是因为一些彼此无法释怀的坚持所造成的。如果内向者能从自己做起，宽容地对待自己，原谅自己无意或有意犯下的错误，相信一定会收到意想不到的效果。当我们开启一扇窗的时候，我们会看到更完整的天空。一个人需要宽容，因为宽容是一种美德，是一个人有修养的体现，并且首先要做的，就是宽容我们自己，这样我们就会有更宽广的胸怀去宽容别人。如果连自己都宽容不了，我们又怎么能原谅别人的错误呢？有人说，能够宽容自己的人，他们更容易建立融洽的人际关系。

还有些人，他们没有办法原谅自己的过错，或者深陷自责当中不能自拔，主要原因是对自己要求太严格，或者说，之前给大家留下的印象太美好，一旦错误对印象造成了破坏，他就认为再也没有办法弥补，所以，开始不断地自责，甚至有的人会为自己人生的某一次错误而忏悔一生。

约翰尼·卡特是著名的歌手，谁曾想他过去也犯过一次错误呢。在约翰尼·卡特的事业蒸蒸日上的时候，他却感觉到自己的身体已经被拖垮了。为了保证演出，每天，他需要借助安眠药才能入睡，并且要服用"兴奋剂"来维持第二天的精神状态。后来，卡特的恶习越来越严重，以致他对自己失去了控制能力。从此，他不是出现在舞台上，而是更多地出现在监狱里。一天早晨，他从一所监狱出来的时候，一位行政司法长官对他说："约翰尼·卡特，今天我要把你的钱和麻醉药还给你，因为你比别人更明白你能充分自由地选择自己想干的事，这就是你的钱和麻醉药，你现在就把这些药片扔掉，否则，你就去麻醉自己，毁灭自己，你自己作出选择吧！"

那一瞬间，卡特醒悟了，然而，自己的过错能赢得歌迷的原谅吗？卡特并不知道，但是，他明白，只有自己才能原谅自己，于是，他开始戒毒，经过了长时间的坚持，他成功了，重新回到久违的舞台。

在那里，他赢得了所有歌迷的原谅，不过，每每谈到过去的回忆，卡特总不忘说一句："我并没有放大我的错误，我只是用自己的行动告诉别人，我可以改正错误。"诚然，我们应该永远记住这样一句话：犯错并不是一件特别严重的事情，千万不要拿着放大镜看待自己的错误，原谅自己吧！

打开
心门

　　那些大凡取得瞩目成就的人，他们的成功之路并没有一帆风顺，而总是波折不断，或许，他们曾经也犯了不少错误，但是，他们懂得原谅自己，以更加完美的姿态去迎接挑战，最后，才能赢得成功。试想，如果他们总是纠结自己曾经的错误，那么，他们可能会在郁郁寡欢中度过余生。

卡耐基是美国著名的成功学家，他曾这样写道："通过对全球120名成功人士的调查发现，他们都有一个共同的特点，就是能够建立融洽的人际关系，而正是因为他们有一颗宽容的心，所以，人际关系才会那么好。"

参考文献

[1] 金岩，韩双桥. 每天学点内向者心理学[M].北京：中国纺织出版社，2017.

[2] 兰妮.内向者优势：内向人玩转外向世界的成功心理学[M].北京：天地出版社，2019.

[3] 西尔维娅. 内向也是一种优势[M].南京：江苏人民出版社，2015.

[4] 高志鹏.内向人和外向人的自我说明书[M].北京：新世界出版社，2010.